You Said What?!

The Biggest Communication Mistakes Professionals Make

人際溝通雙權威
基姆·佐勒 Kim Zoller
凱芮·普雷斯頓 Kerry Preston
——— 著

胡琦君 ——— 譯

說話零失誤，跟誰都好聊。

時報出版

推薦序

溝通錯誤率下降，人生愈來愈快樂！

王介安／銘傳大學助理教授、GASロ語魅力培訓®創辦人

不知道你還記不記得一部電影《關鍵報告》（*Minority Report*），這是二〇〇二年上映的美國片，由史蒂芬．史匹柏執導，湯姆．克魯斯主演。為什麼要談這部老掉牙的電影？這部電影提出「如果我們可以預測未來，那麼犯罪就不會發生」的觀點。是的，如果人生能夠預先知道犯錯的可能，我們便有機會更正錯誤，不會讓錯誤發生。

從事口語表達與溝通技巧教學多年，深切體會「說話是一種覆水難收的行為」，也經常和學員討論

許多不同的溝通情境，大家都曾經歷過因操作不當，導致結局變得很難堪，或者是無法收拾。

然而，如何操作才正確？除了學習與思考，更重要的是我們願意在實際的生活與工作個案當中，應用對的方法，並遠離錯誤的方法。

本書的兩位作者都擁有超過二十年的教育培訓經驗，更珍貴的是，他們利用研究與調查，得到了很多口語溝通困境的結論。本書提出十六種溝通最常見的錯誤情境（或心境），從「錯誤的角度」切入，並提出如何改正錯誤。這樣的切入點真的很有意思，一如我前面提到的電影《關鍵報告》。

書中談到「一次的負面印象，需要接連八次的正面印象來扭轉」，便可知道溝通有多麼困難。一旦關係弄擰了，要撥亂反正絕非易事。倘若你又遇到一個很容易耿耿於懷的人，不要說八次，就算是八十次，恐怕也無法改變他對你的印象。

書中的十六個溝通錯誤，每個情境大致上可以分成主題、分析、說明、反思、破解方法。這樣的結構很適合忙碌的現代人閱讀、理解、學習、運用。在「GAS口語魅力培訓®」當中，我們提出一個非常重要的觀點：溝通是一種方法與技巧，不是反應與直覺。本書恰好完整呈現這樣的理念。經過多年來的研究，我們還提出一個概念和本書的出發點很相似，就是「短暫而美好的關係感覺，會建立長期而美好的關係感覺」，也就是在每一次的溝通表達中，避免了那些不好的感受，你和溝通對象的關係就會愈來愈好。

我喜歡這本書，除了欣賞作者的巧思，也佩服他們架構本書的方式。希望這本書中文版的誕生，可以讓你的溝通錯誤率下降，人際關係愈來愈好，生活與工作愈來愈快樂。

提升自我品牌認知，職場關係不受阻

郭南廷／職場關係師

「你們了解自己的品牌形象嗎？」每當詢問周遭同仁這個問題，得到的回應大多是：先遲疑，然後重複一次問題「自己的品牌形象？」很顯然地，多數人在職場工作大多傾向憑直覺和經驗表達觀點或執行任務，不會為了經營個人品牌形象而刻意做某些事，當然，少部分人例外。

但是，當工作上遇到困難需要找人請教時，你心中有特定人選嗎？我猜你有的。當你有重要任務要交代同仁，你會特別挑選對象嗎？我猜你會的。不知道你是否察覺這件有趣的事：雖然我們平常不會刻意經營個人品牌形象，卻仍在周遭人的心中留下既定印象，而這印象會逐漸影響到個人職場關係，甚至職涯發展。

Cindy 是一位資深業務，對於每位客戶的需求瞭若指掌。每次與客戶的行程也都安排得恰到好處。而這份對客戶服務的專業可不是憑空而來。從 Cindy 的電腦螢幕到螢幕旁的行事曆，密密麻麻的文字清楚記載著時間、會議內容等，更誇張的是她那三到四本筆記簿，內容是所有專案的過程、經費、客戶當時的要求等，全是經驗累積的紀錄，稱得上是私房級寶典。因此，只要 Cindy 一出馬，可說是讓顧客滿意的保證。

這陣子 Cindy 一直不斷向主管抱怨：「我一個人承擔這個專案就好，完全不需要 Adam 幫忙！」主管滿臉疑惑地問她：「怎麼了？有一位助理在旁邊幫忙打雜，不是比較輕鬆嗎？」Cindy 滿臉無奈地回說：「是打『砸』吧？有他加持，我的專案只會扣分。」

「每次與客戶開會，他不愛做筆記，把自己的頭腦當作是雲端硬碟，覺得不會出任何差錯。」Cindy 接著說，「這下好了，這次開會，途中我剛好有事去外面接聽電話，才五分鐘，他就把客戶說的下次開會日期記錯了！」聽到這裡，主管差點從辦公椅子上跳起來：「什麼！之後客戶的會議，你就請Amy陪你一起去吧！」

案例中的Adam，如果沒能發現個人品牌形象已如此糟糕，他未來的職場人際關係及職涯發展，想必會受到相當大的阻礙。

就像Adam一樣，有時候我們在職場上的小習慣，可能會影響工作效率或是周遭同仁的觀感，而自己還渾然不覺。讀完本書後深深感受到，定期檢視自我品牌形象是重要的。當我們的負面品牌一旦成形，需要靠長期的一致性行為持續累積，才有可能扭轉別人的觀感，豈不是很划不來？

不過，說了這麼多，好的品牌形象該如何建立呢？書中提到，可以在職場中找尋你欣賞的對象，並透過了解他個人的品牌形象，使自己的表達與行為向他看齊。至於更多細節和方法，就趕緊透過這本書深入了解吧！

相見恨晚的一本書

海苔熊／心理學作家

我真的很後悔沒能夠早一點看到這本書！那些在公司你不該說的話、寫信時不該犯的錯、遇到難搞同事可以出的招、遇到大型專案能夠使的力等等，都一次收錄在這本書裡。

心理學背景的我，剛開始接觸與商業有關的事物時，跌跌撞撞受了很多傷，也覺得很挫折，因為那些我所學到的東西，在商業實務上並不是完全如此！

後來才發現，有一些「潛規則」是要在這個領域翻滾過一陣子後，才能拿捏其中的奧妙之處。如果你跟我一樣是初入森林的小綿羊、或者過往不是商管背景出身、又或者是剛畢業的職場新鮮人，這本言簡意賅的書，將會是你的保命符。

謝辭

我們誠心感謝彼此。超過十二年的日子，我倆不僅成為最佳的事業夥伴，更有幸結交為很好的朋友。我們總是提醒彼此要不斷自我成長，也一直互相鼓勵、深信自己能變得更好。

在此，由衷常感謝我們傑出的客戶和研討會學員們，感謝他們的積極參與、提出發人深省的問題。這本書相當於與他們一起創作——謝謝他們提供自身以及同事的實戰經驗。

我們還要感謝尚恩・麥許（Shawn Mash）、蘇珊・克藍（Susan Klein）、寶拉・贊曼（Paula Zeitman）、與哈莉特・威廷（Harriet Whiting）的付出，提供我們許多與溝通相關的精闢見解。

最後，對我們的家人致上謝意，特別感謝班傑明（Benjamin）、山繆爾（Samuel）、提姆（Tim）、盧克（Luke）、衛斯（Wes）、還有奈特（Nate）。

目錄

前言

你或許有很多很棒的想法，但如果無法清楚表達出來，
那麼一切都是白搭。
——李・艾科卡（Lee Iacocca），曾任福特汽車和克萊斯勒汽車公司總裁

假如每次我們跟別人講話，對方都能完全聽懂我們想表達的意思，那豈不是美事一樁？可是，為什麼這樣的情形不常發生呢？我們說出來的話為何無法讓對方聽懂？你是否曾說過或聽人說過「我不是那個意思」？你的意思要能夠順利傳達，唯有設法讓對方的看法與你想表達的意思產生連結，這樣的溝通方式才有效。若是兩者兜不到一塊，對方最後就會問：「你到底在說什麼呀？」

溝通講究「臨場感」，它並非單指言語或行為，而是言語加上行為共同傳達出來的整體訊息。所謂的「臨場感」，就是我們臨場如何展現自己，如何透過各種溝通方式建立起他人對自己的信賴，並長久維持下去。

《說話零失誤，跟誰都好聊。》是以全方位的角度探討人們的溝通方式。畢竟溝通涵蓋的面向很廣，經由詳細探討溝通的全貌，才能確保自己兼顧到溝通的各個面向，而不只是專注在單一面向上。舉例來說，溝通風格是非常熱門且引發熱議的一個主題——照理也該如此。如果我們只把重點放在套用某某人的風格、卻沒有參考他們有用的正面經驗，我們可能只會學到表面功夫，最後仍然無法實現我們的溝通目標。

人們很容易專注於溝通的枝微末節，譬如我們說話的方式，然而，在本書裡我們只會花少許篇幅探討。若是把重點放在溝通的細節，我們永遠得不到想要的結果。社會學家艾伯特．麥拉賓（Albert Mehrabian）曾說：我們說出的話語只占整體印象的百分之七。

我們隨時隨地都在溝通。儘管全程一句話都沒說，卻已經傳達出一大堆訊息。從事此行業將近二十年，我們看過無數有才華的聰明人士，因為傳達訊息的整體方式不恰當而錯失良機。我們洞見他們失敗的癥結在於展現自己的方式，以及他們賦予他人的印象——也就是溝通的臨場感出了問題。另一方面，我們也觀察並持續追蹤那些深諳此理的人：他們不但事先規劃，也清楚知道自己在溝通過程裡做了什麼、說了什麼，以確保對方聽懂他們的意思。

溝通重點不在於我們怎麼説或説了什麼，而在於如何讓對方聽懂我們。換言之，焦點不在我們身上，而是對方如何看待我們和我們傳達的訊息。

本書冀望完成的宗旨是讀者能後退一步，思索自己究竟想達成什麼樣的目標，再針對溝通的方式擬定計畫。小至說出的每句話、非語言表達，大至品牌形象，你用來溝通的每一種方式都會影響結果。

過去二十年來，在我們的溝通技巧研討會上，總會這樣問學員：「有效溝通的障礙和挑戰是什麼？」至今已累計五千多則回覆，整理後，歸納出下列重點：

- 個體差異性
- 成見
- 背景知識不足
- 缺乏資源
- 情緒化
- 憤怒
- 時間不夠
- 說話／書面文字技巧不佳
- 缺乏組織內容的技巧
- 受到威嚇
- 準備不全
- 欠缺面對面的時間（因為輪班、身處異地或日程安排喬不攏）
- 目標不明確
- 語言障礙
- 沒做好規劃
- 不善於聆聽
- 高高在上
- 未明講或堅持心中的既定議程
- 先入為主
- 肢體語言
- 個性強勢
- 害怕示弱
- 資訊不足

- 害怕改變
- 牽涉到太多人的利益
- 擔心後果
- 態度不佳
- 缺乏信任
- 對主題不感興趣
- 背景／文化不同
- 工作風格迥然不同
- 非語言的表達能力差
- 分心
- 對內容不熟悉
- 缺少熱情

- 缺乏自信
- 自己講個不停
- 只聽從專家意見
- 口齒不清
- 用太多專業術語
- 缺乏變通
- 越級通報信息
- 公開演講技巧很糟糕
- 不了解觀眾
- 不是對的人
- 沒弄清楚最終目標
- 缺乏靈感

《說話零失誤，跟誰都好聊。》是依據上述回饋撰寫而成，這是一本透過行動學習的實踐指南，旨在幫助你達成目標：藉由事前的妥善規劃，將訊息準確傳達出去。假以時日，你的溝通技巧肯定功力大增。

錯誤 1

未拿出最佳狀態

昨天的全壘打贏不了今天的比賽。

——貝比・魯斯（Babe Ruth），美國職棒史上的洋基强打者温差一度會造成什麼不同呢？如果攝氏三十五度的氣温你覺得熱，那麼升高到三十六度時，你依舊會感到很熱。另一方面，水在九十九度時非常熱，但升高到一百度的瞬間，它會沸騰。沸騰的水會產生蒸汽，强度大到足以驅動火車，這就是「一度」所造就的決定性轉變。不妨想像一下，足以改變你比賽結果的「一度」會是什麼？

思考和計畫是你改變溝通風格和方法的關鍵。你有機會做出改變，但你也可以跟別人一樣維持現狀。多花一點時間思考究竟值不值得？升温一度試試看？還是維持原樣比較輕鬆？

保持最佳狀態是一種思維態度：對所有你企圖在自己或他人生活裡締造的改變，都保持正面的心態。試想一下：如果每次遇到衝突，你都能退一步從解決問題的方向思考，那你還會成為衝突製造者嗎？這樣難道不會讓你和周遭的人，在生活上變得更輕鬆嗎？

「通往成功之門就是堅持不懈（**sticking**）。」
（**sticking** 除了「堅持不懈」，還有「黏住」的意思）

對於下列情境你可能不陌生：飛機誤點，某人（或許是你）因此銜接不上轉機的航班。重點是，這班飛機不僅延誤，機位還超賣，導致一名乘客的座位遭到取消，他正朝著航空公司的代表咆哮。這名員工兩眼盯著他、用粗魯的語調簡短地說：「我也無能為力，請你坐下。」該名乘客氣炸了，衝突一觸即發。

倘若該名乘客或是航空公司代表能夠處於他們的最佳狀態，

情況、氛圍、感受肯定截然不同。結果或許不會改變，但如果這段對話是冷靜、富有同理心、且專業的，那麼，有百分之八十的機率結果會是：航空代表願意幫忙，或是那名乘客得以冷靜下來。

現身說法

前陣子我很高興能夠提早搭上前一班飛機，這代表我可以早一點回到家，畢竟我已經離家一個星期之久。該航班機位超賣，我的座位被安排在飛機最後一排的中間。排隊等候時，站我前面的女士正在跟登機櫃檯人員爭鬧、要求換座位。她忿忿不平地表示自己是這家航空公司的VIP，櫃檯人員膽敢不替她換個更好的位子。工作人員非常有禮貌地一再重複道：「我很抱歉，但我們實在沒有其他空位。」那名女士繼續站在那裡又吵了五分鐘，試圖說服櫃檯人員挪出一個好位子給她，但對方還是不斷重複同樣的回答。最後，那位客人終於離開。當我走上前時，我對著那位櫃檯人員微笑，並且默默地交換了一個眼神：「我懂，她真的很麻煩！」接著，我帶著一臉歉意的笑容跟對方說：「我很高興能搭上這班飛機。聽起來你們好像沒有多的空位了，但我還是想知道有沒有可能換到好一點的座位？」對方看著我，微笑地說：「一切都好談」，並給了我隔板後第一排的好位子。事實證明，用蜂蜜才能捕捉到更多的蒼蠅，而不是用醋。這件事再次提醒了我：一個人的溝通方式，決定了他能否達成目的。

——形象力學（Image Dynamics）創辦人基姆・佐勒

保持正面積極的態度，並不意味著你要成天臉上掛著燦笑走來走去。它意味著每當碰上問題時，你會先深吸一口氣；它意味著設想最糟的狀況，然後去思考解決方案，而不是把焦點放在問題本身、或追究是誰害問題發生；它意味著放開心胸並專注於當下，而非封閉於周遭發生在你身上的事情；同時，它也意味著你知道自己無法掌控一切；最後，它還意味著控制你的情緒反應。

最重要的是，我們不想跟負面的人在一起，不想跟那些無法以積極方式溝通的人共事。人在不順的時候（例如有人催促我們、或是昨天就該交的東西還沒交出去），事情特別容易出狀況。此時，我們可以選擇寬待別人，不做出負面反應。每當我們在座談會裡討論到「遇到問題變得情緒化 vs. 保持冷靜並善待周遭的人」，眾人普遍認為，喜怒無常和情緒化的人實在不夠專業，沒有人想要跟一碰到狀況就大驚小怪的人一起工作。

根據卡內基理工學院（Carnegie Institute of Technology）的一項研究指出，你能夠獲得工作、保有工作以及順利升遷，有百分之十五的因素取決於你的專業技能和知識（任何行業都一樣），另外百分之八十五則取決於你與人應對的技巧和人際知識，其中包含你的熱忱、笑容、講話語調、個人責任心，以及良好的道德倫理。簡言之，我們與人溝通能否順利，取決於我們待人處事的能力。

本書提供了許多有用的實作方法，我們希望你能持之以恆地練習。書末附了一份「行動計畫量化清單」供你實施，將有助於你保持良好的成效。如果你確實善用這些工具，你與人互動的結果肯定會有所改變。我們親身實測過這些方法，長期觀察他人的溝通過程，並且訪談過成千上萬的人，請他們說出自認為有效溝通的關鍵。事實證明，當我們拿出最佳狀態處理事情時，我們總會得到正向的結果。

保持最佳狀態為何如此重要？傳奇美式足球教練文斯・隆巴迪（Vince Lombardi）的闡述最貼切不過了。隆巴迪最為世人熟知的，就是他對於勝敗輸贏的見解。他強調，獲勝是一種習慣，我們必須善用自己擁有的一切投入比賽，不僅用我們的身體、還要用我們的頭腦。他認為打美式足球就像在做生意，為了贏得生意，我們必須運用心靈、頭腦、以及全身上下每一根神經投入比賽。所謂保持最佳狀態，就是把你所有的一切都投進去。這不光是把腳趾伸入水中而已，你必須將整個身體浸到水裡去。

有位教練從旁激勵，帶領我們思考如何贏得比賽，情況肯定截然不同。但在沒有教練的狀況下，我們必須成為自己的教練，每天激勵鞭策自己。你不妨花點時間思索自己想要達成什麼樣的結果，並且透過書中有效的實作練習，隨時隨地保持在最佳狀態裡。此外，你也要從旁觀察、學習他人處於最佳狀態時的舉止與動作，把它們記錄下來。

化解策略

消除你的負面自我對話。

練習只對自己說好話，像是：「我盡力了」、「我從中學到教訓了」、「我已經全力以赴了」。（我們發現，各個階層和年齡層的人都會對自己講負面的話。擅長溝通的成功人士與一般人的差別，只在於他們比較敏銳，一旦內心產生負面對話，馬上能及時發現並扭轉回來。）

- **覺察自己的心智會捏造實際上並不存在的負面情況。**

你要隨時檢視，別讓自己冒出這樣的念頭。（參見錯誤十：預設立場。）

- **留意內心是否對事實有所曲解，它們會害你無法保持最佳狀態。**

（參見錯誤十：預設立場。）

- **留心說話的語氣，避免聽起來像是在諷刺、專橫、高高在上或是傲慢。**

如果你不確定自己給人什麼印象，請向你信任的人尋求回饋。或更好的方法是，留意別人給你的回應。

- **試著了解對方的立場。**

善用同理心，問問自己：「如果易地而處，我會有什麼感覺？」

傾聽別人。

跟對方聊完五分鐘之後，你記得他剛才說了些什麼嗎？停止思考不相干的事情、留心傾聽。在別人說話的同時，你的思緒不要飄到其他事情上頭。

妥善準備。

在溝通之前花時間計畫，以便你能夠善用大腦中的「智能」區塊，這有助於你在溝通時冷靜思考。避免使用大腦裡「爬行動物」的區塊，它會讓你不假思索地做出情緒化反應。

為你和別人的交流設定目標。

在進行任何溝通前，先做好計畫，事前決定自己要怎麼做，才能處於最佳狀態。

審視彼此意見不合的事項，決定要把能量消耗在哪些地方。
如果你對某件事情反感，不妨問問自己是否值得花大把心思在上頭，還是應該把那股能量轉移到有建設性的其他事情。

盡量多協助別人。
請記住，你愈常幫助別人，獲得的回報就愈多。不要把焦點一直放在自己身上。

保持冷靜，找出有助於達到目標的方法。
呼吸時吐氣的時間比吸氣多兩倍，或是放鬆肩膀和臉部表情。

◎預想各種最糟的情況並進行沙盤推演。

包括試想各種潛在的風險，以及從過去經驗中體悟到的重要見解。

自我審視的關鍵問題

- 透過處理方式的改變，我是否能看到情況好轉？
- 我是否受到別人負面態度的影響？我是否因為對方的負面態度而採用情緒化的溝通方式？這麼做是否會讓我無法保持最佳狀態？
- 在我自認為溝通技巧無懈可擊時，是否依然丟了工作或無法順利升職？我是不是有什麼盲點？

錯誤 2
話說太快

我們都是自己思想的產物。

——佛陀

開口說話之前先三思。這個概念儘管簡單明瞭，卻很難付諸實行。我們說的每句話都可能產生後果——正面或是負面。如果不了解自己的最終目標，我們溝通時就可能對目標造成負面影響。如果我們知道自己的目標，並且藉由「為什麼」、「什麼」與「如何」的問題進行對話，比較能夠正面影響我們跟對方的關係。你可以想說什麼就脫口而出；你也可以花時間、以終極目標為導向，深思熟慮並先行規劃後再跟對方溝通。

現身說法

前陣子，我的一位同事說他很不爽，怪我沒有邀他參加他認為應該受邀的會議。這次的談話來得太突然，他表達完對我的不滿後，我沒有機會多想就直接回嗆他。若有機會重來的話，我肯定能用多種不同方式做出回應。畢竟以負面方式應對，只會衍生更多問題。這次經驗讓我體會到，我必須留意自己的用字遣辭，才有可能達成溝通的目標。

——某活動顧問公司的社交媒體經理

如果某人做了一件你不喜歡或不認同的事，你會告訴他嗎？嗯，這要看你的目標是什麼，你真的清楚實際發生什麼事嗎？或者這只是你單方面臆測得出的結論？如果你跟對方說實話，可能會造成什麼後果？基於你自己的某個判斷或感受，有沒有可能製造問題並且斷絕長久以來的關係？切記，某些橋梁一旦斷裂，就永無重建的機會。

情緒智商（Emotional Intelligence）的定義

情緒智商是覺察、收放情緒，以此理解情緒和情感，並輔助調節情緒，進而提升心智成熟度的一種能力。

——情緒智商理論的提出者約翰．梅耶（John Mayer）和彼得．沙洛維（Peter Salovey）

我們大腦裡的不同部位決定了我們的行為模式。本書無意深入研討大腦的細部運作和相關研究，僅針對大腦能夠牢記溝通目標這項功能進行探討。我們的大腦分成三個區塊：在此要談（前一章有提到）的只有智能和爬行動物二個區塊。當我們「心中缺少目標」時，我們等於打開一扇隨心所欲發洩情緒的窗子。如果事先做好計畫，我們就能夠控制大腦的一些基本反射。在商業世界裡，情緒化反應鮮少會帶來正向的結果。那我們要怎麼做才能讓大腦的智能區塊發揮作用、降低動物區塊反應的機會呢？答案就是提前做好規劃。思考你即將展開的對話，寫下對話中所有可能發生的負面情況、以及對方可能的反應。沙盤推演對方的反應，以及你為了實現目標該做出怎樣的相對回應。這樣一來，你才能在職場上逐漸培養出更高的情緒智商。

現身說法

談話之前預做規劃，可以幫助你釐清目標、在對談過程裡持續校正目標以達成雙方共識，並且能夠以對方偏好的溝通方式清楚闡明你的意思。基本上，我是一個超級情緒化又極為敏感的人，我常認為對方的話是針對我個人，而且大多時候沒有什麼比「言語中傷」更令人難以忍受。我發現此時的自己無法理性思考、繼續溝通，因為整個思緒都籠罩在自己的情緒陰影下。我老是無法順利表達我的觀點——無論它們多麼合理或是具備多麼强的佐證，因為我給人一種急躁或激動的印象，往往談話進行不到五分鐘，對方就已經聽不進我的說法，更別說想要順利說服他了。

自從學會如何規劃對談，我在商界的互動方式徹底改變了。我有能力根據每次談話的目標，進行最有效的溝通。從那之後，我變得超級有效率，跟同事的關係也日益改善。而且，我在同儕和主管之間，逐漸建立起更專業、倍受推崇的良好聲譽。對談之前花幾分鐘規劃，真的能為你帶來長遠的效益！

——凱捷管理顧問公司（Capgemini）亞歷珊卓·威靈斯基（Alexandra Wilinksi）

化解策略

- 意識到過去的事件可能影響一個人對於特定情況的看法。
- 情況允許的話，提前規劃你的談話，以確保溝通結果符合你的目標。
- 預期可能發生的負面回應，思考該如何做才不會讓對方的回應觸發自己的情緒。
- 考量說話的時機以及可能的後果，談話前後發生的事情將會大大影響溝通結果。

- 每個人都有自己的議題要談，必須考量雙方的立場。
- 在做出推論之前先弄清楚事實。
- 話說出口之前要三思。即使對方讓你想要反駁，你也得謹守自己的溝通目標。

自我審視的關鍵問題

- 我是否曾想要收回自己對某位同事說的話？
- 假如有機會改變結果，我下次會採取哪些不同的做法？我從中學到了什麼教訓？
- 我要如何更有效管理自己的反應和情緒，以達成溝通和人際關係的目標？

錯誤 3

言行舉止有損個人品牌

無論年齡大小、位居什麼樣的職位或從事哪一行，我們都需要認知到品牌的重要性。我們是自己公司的 CEO，這間公司就叫做「我」股份有限公司。在現今的商業世界裡，我們最重要的工作就是強力行銷「我」這號品牌。

——湯姆・彼得斯（Tom Peters），著名管理學家個人品牌為何跟溝通息息相關呢？要知道，你說的每字每句——無論是語言或非語言訊息，代表的都是你的品牌。如果你認為自己沒有品牌，那就錯了；你肯定有的。別人會根據過去與你往來的經驗，預測你今天也會採用類同之前的溝通方式。你撰寫電子郵件、傳送訊息、處理問題、讚美別人、批評別人的方式等（例子不勝枚舉），無一不在建立你的個人品牌。

在前一章裡，我們探討到你的目標，而你所建立的個人品牌與你的目標密切相連，它也是讓對方能夠聽懂你的關鍵因素。繼續往下閱讀前，請先想想自己心中的目標。你要採取哪些行動去達成目標？你是否做到始終如一？保持前後一貫的作風，讓別人預測得到你的溝通方式，如此一來你的品牌才得以建立。主動建立和行銷你的品牌，而非被動地讓別人替你決定。

我們必須投資自己的品牌：從外貌、學習項目到個人和工作專業的發展等，這些都是我們要投資的重點。總之，為了維護你的品牌，你要花心思經營這些項目。

隨便走進一間飯店或是公司大廳，觀察一下周圍環境，相信你可以馬上描述出它們的品牌形象。同樣地，你的穿著打扮就是你個人品牌的裝飾。人們只要打量你，就可以描述出你的品牌形象，儘管你還沒開口說一句話。

由於我們處在一個十分注重形象的商業世界裡，成功人士向來投注許多心思在他們的個人品牌上。所謂的投注大量心思，意味著注重細節與一致性，並在溝通前深思熟慮、採取額外措施，以確保溝通過程中傳送的所有信息都是一致的。

現身説法

有一次，我正在為某家大型製造公司舉辦研討會，其中有位主管告訴我一個故事。他說他曾經跟老闆提到他很喜歡自己當時的工作，不想成為經理。從此，他在老闆心中便烙下這樣的品牌印象，在他底下工作的那段期間，他從未獲得升遷機會。時至今日，他才意識到原來是自己建立起那樣的品牌形象，以至於無力扭轉，直到後來換了部門才重獲機會。

——形象力學創辦人基姆・佐勒

要改變別人對你的負面觀感非常困難。一旦你給人留下一個負面印象，你必須用一個接著一個的正面印象去彌補。但假如你沒有機會這樣做的話，恐怕很難扭轉回來。事實上，根據《自然—神經科學》（*Nature Neuroscience*）期刊上刊登的哈佛大學心理學系於二〇〇九年發表的一項研究指出，如果你給別人的第一印象是負面的話，隨後你得用八次正面印象去改變他們對你的負面觀感。底下做法有助於我們避免在第一次碰面就給人留下不好的印象：

- 你的品牌必須要因應環境和情況做調整，但同時不喪失真實的自我。換言之，你要考慮到性格、文化和周遭環境，並且在不失去自我的情況下去調整。
- 在選購行頭時，要重質不重量。以貌取人是人之常情，要別人有翻閱你這本書的欲望，封面至少要夠吸引人。因此，你有必要花時間費心裝扮，確保自己成為你期望別人看到的模樣。

- 每天都要活出你的個人品牌，別小看聚沙成塔的力量。無論是你的裝扮、行為或舉止都要保持一致；一致性才能建立品牌。
- 切記，就連撰寫電子郵件的小細節，也能提升或貶損你的品牌形象。所以請反覆重讀所寫的信件內容，每一封信都是別人如何看待你的永久證據。
- 慎選用字遣辭，不用粗鄙的俚語，以打造良好的品牌。避免使用「啥」、「就醬子」、「瞭」和「呦」這類的字眼。
- 遠離負面的閒聊。負面談話和傳播八卦很容易摧毀你的品牌。如果大家得知你說過某某人的八卦，你就有可能被貼上「辦公室八卦廣播站長」的稱號。你的一世英名可能毀於一旦，而且很難補救回來。此外，這樣還會危害你的人際關係，成為某些人的拒絕往來戶，關係永無重建之日。

• 呈現自己的最佳狀態。每天都是全新的一天，隨時把你的目標放在心上、提前做好準備，日復一日地強化你的品牌。

現身說法

我的同事山姆是辦公室裡最聰明的傢伙，但問題是我不想帶他去參加客戶的會議，因為我無法確定他是否會穿著得體、還是一副剛睡醒的模樣。我提不起勇氣向他開誠布公，只好每次都避免找他一同前往。

——無線產業顧問法蘭克

循序漸進地建立一個正面品牌，對於你邁向未來的成功深具重要性。以下讓我們用成本效益的角度，向你剖析品牌一致性的重要：

負面品牌的成本	正面品牌的效益
•無法升遷 •形象不佳導致業績下滑 •得不到尊重 •別人不願傾聽你的想法 •別人對你的態度冷淡 •無法獲得新工作的引薦 •無法有效領導團隊 •對你的能力不抱信心	•有機會升遷 •正面的形象帶來業績成長、別人對你更加信賴、人際關係變好 •受到同事敬重 •別人願意傾聽你分享想法 •獲得引薦參加其他部門的專案，或是到其他公司任職 •對於人或事都有更大的影響力

你想改變哪些習慣或行為來提升自己的品牌？為提升品牌所付出的代價，是否值得你付諸改變？倘若你維持目前的處事習慣，是否有助於你未來的成長與進步、甚至成功呢？

你不妨從自己品牌裡找出某項元素或某個特定行為，權衡它的成本與效益，藉此評估它對你的職業生涯是有所助益或造成傷害。

現身說法

在我們完成課程三個月後，有位客戶打電話來與我們分享個人品牌重塑對她的影響。她說她已經改變了穿著打扮，雖然依舊前衛但看起來比較專業；這麼做連帶改變了她的反應模式，講話時不再提高音量。此外，她開始認真閱讀每封電子郵件，在寄出前確保沒有錯別字，而且信件內容極具專業性。她的轉變十分明顯，以至於有愈來愈多的同事前來尋求她的建議和指導。

——某玩具和遊戲公司的高級潛在合夥人蘇珊

化解策略

- 你的行為至少要有九成的時間保持一致。如果你已經建立起一個正面品牌，人們偶爾會願意給你一點時間喘口氣（大約一成的時間）。
- 試想，一個人只有五到六成的時間是專業的，那在另外四到五成的時間裡，他又會是什麼模樣呢？前後不一會導致品牌形象混淆不清，令人對你的信賴感大打折扣。

◎負面品牌一旦成形，需要依靠長期不斷的一致性行為才有辦法扭轉別人對你的觀感。

自我審視的關鍵問題

- 我與所有人的溝通是否全都符合我的個人品牌？我每天與別人的每一次互動，是否都活出我的品牌形象？
- 在職場上，是否有我的心靈導師或令我推崇的對象？他們的品牌是什麼？他們又是如何保持溝通的一致性？
- 我如何將日常的溝通和作為，與我的個人品牌目標做連結？

錯誤 4

自我認知存在盲點

世上的事情分為已知和未知，介於兩者之間的就是感知之門。

——阿道斯·赫胥黎（Aldous Huxley），英格蘭作家感知會影響溝通的結果。我們走路的方式、舉手投足、穿著打扮、拎公事包的模樣、笑容（或不笑的面容）、公事包的款式等，大大小小的細節都會給別人留下印象；這些印象往往能左右我們與別人溝通結果的好壞。不良的第一印象通常有礙關係的建立；而良好的第一印象則使我們有機會建立融洽的關係，以及促成良好的雙向溝通。

感知之所以重要，是因為我們在溝通時，不是單純努力處理眼前的事情就行，還會受我們與對方過去的交流經驗所影響。

一九五五年，社會學家哈里．英格拉姆（Harry Ingham）和周瑟夫．勒夫（Joseph Luft）提出了一種認知心理工具，名為「周哈里窗」（Johari Window），主要用來幫助人們更清楚理解他們的人際溝通和關係。「周哈里窗」讓我們了解到，為何我們想表達的內容跟別人聽見的不同。此外，它也幫我們覺察到我們的自我認知、以及自我認知如何影響整個溝通過程。

有了這層覺知之後，如果我們跟別人有良好和開放的溝通，就可以請他們回饋意見，幫助我們了解他們是如何解讀我們的話。

周哈里窗

	別人知道的你	別人不知道的你
你知道的自己	公開的資訊；未遮掩的開放區塊	不為人知的隱藏區塊
你不知道的自己	盲點；盲目區塊	仍未發現的潛能；未知區塊

出自周瑟夫・勒夫和哈里・英格拉姆的「周哈理窗：人際認知模型圖」（The Johari window, a graphic model of interpersonal awareness）

要看懂「周哈里窗」，首要之務是先弄清楚以下四個區塊：

- 公開資訊／開放／未遮掩的區塊代表我們自己知道、別人也知道的我們。
- 盲點／盲目的區塊代表別人注意到、但我們自己沒有意識到。
- 隱藏／不為人知的區塊代表我們從未、且不想與別人分享的自己。
- 仍未發現的潛能／未知的區塊代表我們所不知道的自己、別人同樣也未察覺。這部分通常要透過治療才能發掘出來。

現身說法

以下這則故事是一位客戶在學完「周哈里窗」之後告訴我們的：

有一天，某位我認識許久的女士打電話給我。她是我小孩同學的母親，但她從來不曾與我交談過。當我跟她在停車場或學校走廊上擦肩時，她幾乎從不正面看我一眼。我們經常出席同一場活動或派對，她也從來不對我微笑或說話，全然漠視我的存在。事實上，每當有人介紹我倆認識時，她總是一副從來沒看過我的模樣——少說我們至少也見過十次面吧！

我對她一直很反感，總覺得她很失禮。所以，當我的電話響起、看到是她打來時，我非常驚訝，沒料到她居然知道我叫什麼名字。她問說能否來找我討論事情，我答應了她，因為我實在很想知道她要說些什麼。原來，她正在找工作。在這次談話裡最有趣的是，她不停在說身邊的人都認為她適合從事人際關係的工作、說她很擅長跟人相處、還說她個性多麼討人喜歡。我只想問她：「妳確定他們說的是妳嗎？」

——領導力發展總監

這位女士顯然是落在「周哈里窗」中盲點的那個區塊。

如果沒有自我覺察、反思或來自你信賴對象的回饋，自我感知可能會錯得很離譜。當別人對你的感知和你對自己的感知有出入時，你們很難會有良好的溝通。在錯誤十二裡，我們會談論到給予和接收回饋的重要性。

化解策略

穿著

- 每天依據不同場合穿著適當的服裝。
- 慎選你要穿戴的服飾，避免傳達出不當的信息。
- 不要為了穿著舒適，而冒風險失去別人對你的尊重。
- 想清楚自己可能會碰到或見到哪些人，進而檢視你的打扮能否代表你的品牌。

肢體語言

你的肢體語言充分說明你當下的感受，以及別人對於你的感受的看法。即使沒有開口講話，也要隨時留意自己的身體在傳達什麼訊息。

- 保持抬頭、肩膀往後。
- 堅定且恰當的握手方式。
- 與人握手時，注視對方的眼睛。
- 在談話過程中，保持目光接觸、不要東張西望。
- 適時微笑。
- 不要撥弄頭髮、筆、口袋裡的零錢、或任何一個會讓對方無法專心與你談話的物件。

談話

- 當隻傳播好消息的喜鵲，而不是談論負面事情的烏鴉。
- 保持正面的良好態度。
- 事先做好規劃。

- 保持專注，不要心不在焉。
- 內容簡明扼要，不要拉拉雜雜講一堆。
- 流露出你對對方感興趣，而非一味試圖表現自己的風趣。

會議

- 在會議裡，語言和非語言溝通具有同等重要的效果。
- 說出真實想法，並且專注在當下。
- 當你有意見想要補充時，請有自信地表達出來，不要只是隨口敷衍兩句。
- 好好介紹你自己；你就是自己品牌的代言人。

阻礙溝通的肢體語言

- 如果你平日總是一臉嚴肅的表情，別人會認為你有太多事情待處理，並且覺得你不易親近。

解決方案：微笑。

當你總是處於混亂和急躁狀態，別人會認為你處理不好自己的工作。

解決方案：清理桌面、放慢速度、抬起頭、深呼吸。

隨時留心避免以下的小動作：

——發出心煩的聲音（例如「嘖」）。

——沉重地嘆息。

——雙臂交叉於胸前。

——翻白眼和眼神飄忽。

——低頭往下看。

——搖頭晃腦。

自我審視的關鍵問題

- 別人會用哪五個詞來形容我呢？
- 別人對我的感知是否和我所預期的一樣？如果兩者之間有出入，我可以做什麼來彌補差距？
- 我要如何加強自我認知？應該向我信賴的人尋求什麼樣的回饋？

錯誤5

疏於建立人際網絡

成功方程式裡最最最重要的一項元素，就是「懂得與別人相處」。

——小狄奧多・羅斯福（Theodore Roosevelt），第二十六任美國總統

「我知道以前爭升遷時對你不好，但我現在人在這個位置和善多了。」

本章要談論兩大主題：我們與別人建立的個人情感連結，還有我們該如何與人交流以建立人際網絡。這兩個主題緊密相連。

企業為了提高品牌或產品的可信度和好感度，花費數十億美元在市場行銷和公關上面。同樣地，成千上百萬的人透過社交網路建立可信度、增加青睞度，以利他們拓展業務或是獲得推薦。我們藉由建立網絡來創造價值；在私領域裡，我們則藉由與他人建立關係來創造自己的價值。

你有跟周圍的人建立關係嗎？溝通與我們所建立的人際關係息息相關，你的人際網絡代表你賦予別人的印象。建立關係非常重要，看看LinkedIn（領英）或其他任何一家社交媒體網站的成功就可以知道，因為它們讓建立關係這件事變得容易許多。

現身說法

最近我走進一家珠寶店，看見某個喜歡的商品想買。這是我第一次光顧，也不認識店老闆，他當時正在招呼別的客人。店裡人很多，買氣也很旺，讓我覺得這家店的信譽可能很不錯。但為了保險起見，我還是想確定一下，於是拿出手機用Google查詢這間店的評價。不出幾分鐘，我就發現一則由商業促進局

(Better Business Bureau，民間消保團體)發出的負評。看完之後，我立刻走出店家。請記住，該則評價可能只是一個人投訴的結果，儘管這間店可能只是運氣不好，但這也彰顯了人際網絡的重要性。

——某房地產仲介

我們以優異的工作表現建立信任；我們也透過人際網絡的推薦建立信任。由某甲告訴某乙我們有多優秀，比起我們自己親口告訴某乙來得恰當、有效果；人們往往更加相信公正第三方說的話。當你朝著自己的目標努力時，請記住，每個人的關係都是緊密相連的。如果你想跟某人搭上線，不妨透過某個了解並信任你的人幫忙牽線會更容易。

建立橋梁

你有花心思建立橋梁嗎？如果你跟某人之間發生不愉快的事，請記住他們擁有自己的人際網絡，而且我們所處的世界很小，兩個陌生人之間只消透過少數幾個人就能牽上線。

- 如果你做了某件讓別人認為是不好的事情，請向他道歉。
- 盡你所能來扭轉情勢。
- 不要沒知會某人就越過他聯繫他的朋友，除非你已經考慮周詳，而且評估過這麼做的後果是你可以承受的。
- 不要為了想盡快得到結果，就越過中間人進行聯繫。
- 如果你真的想越過某人，切記：你可能為了建立一座新橋而毀掉原本的橋梁。

- 包容、不排擠。別刻意把某些同事排除在電子郵件收件人、會議或工作相關的社交活動之外，這意味著運用前瞻性思維去包容其他可能受影響的人。
- 在處理某個專案時，確保將所有人員含括在電子郵件收件人，以及通訊軟體的群組對話裡。

人際網絡

你是否善用各種管道認識新朋友，與別人建立關係、傳達信息？

- 與你認識的人定期保持聯繫。
- 在初期建立良好關係後，以電話或隻字片語持續跟進。
- 不要只在有求於人時才跟對方聯繫。

- 把朋友轉介給其他可以幫助他們實現目標的朋友。
- 如果你已跟某人建立穩健的關係，別怕開口請他把你引薦給別人。
- 在你請別人幫你做任何事情之前，先以優異的工作表現來證明自己的實力。
- 當別人需要你伸出援手時，不要吝嗇挺身而出。

電梯講稿

你能在短短九十九秒內清楚描述你是誰嗎？如果你不了解自己的品牌，就很難擬出一篇電梯講稿。電梯講稿有兩種：一種是告訴別人你從事什麼行業；另一種則是當有人詢問你的近況、以及你最近在忙些什麼時要回答的內容。兩種都必須事先準備並勤於練習，要清楚知道，講稿的好壞將決定對談能否延續下去。

電梯講稿的主要元素包括：

- 你的全名。
- 你的職位。
- 工作有趣的地方：簡明扼要，並用對方熟悉的語言讓他容易理解。
- 你的目標。

針對「你做哪一行？」的回答

- 簡潔清楚。
- 試著把你的工作內容跟對方熟悉的事物連結起來。你可以問對方一個問題，看他是否熟悉你所從事的工作領域，像是：

「你有參加過培養溝通技巧的訓練營嗎？我就是做這行的。」

「你們公司有沒有設置企業大學？我擁有一家企業培訓公司，專門幫企業做各種訓練，包括研擬業務流程、全程培訓、規劃並成立企業大學，以及培訓個人和職場發展技能，例如溝通技巧。」

「你是透過招聘考進現在的公司嗎？我是『大星』公司的人力資源主管，專門負責所有員工的福利和招聘。」

實戰演練

史帝夫：凱芮，你做哪一行的？

凱芮：我是「形象力學」公司的合夥人。你之前有沒有參加過領導力培訓營或讀過領導力相關的書？

史帝夫：有，一直都有接觸。我們公司才剛派我去參加完一個很棒的課程。

凱芮：我就是做這個的。我跟企業合作，協助他們培訓員工和研發流程。我還有撰寫個人和職涯成長的商業書籍。

請記住，你需要為你的聽眾量身訂做一套適合他的電梯講稿。比方說，你面對外部客戶的談話，肯定不會跟公司內部重要決策者的談話一模一樣。再次强調，關鍵在於你針對不同人所問的問題，必須與那人熟悉或從事的行業有關聯。如果毫無關聯，請重新設計你的問題。這樣才能讓你的聽眾真正了解你所從事的行業，進而打開興趣和溝通的大門。

針對「你好嗎？你最近在忙些什麼？」的回答

- 永遠保持正向；沒有人想聽到壞消息。
- 感謝對方對你的關心。
- 別忘了回敬對方，也問他近來在做些什麼。
- 在你思索如何回答時，不妨重複對方的問題，以便爭取一點時間。像是「我最近在做什麼嗎？這問題問得好……」。
- 跟對方談一些你近來工作上令人振奮的事情，但盡量別讓人聽起來像是在炫耀。例如：

「我做得不錯，謝謝。最近工作很有幹勁，目前正在忙兩個大型專案。」

「我很好，謝謝。很慶幸最近的工作接連不斷，我常跟一些新客戶見面，了解他們的需求，我很喜歡這樣的工作。」

建立你的BLT

建立可信度、好感度和信任度（BLT為believability、likeability和trust三字字頭的縮寫）對於信息的順利傳達至關重要。我們該怎麼做到呢？

- 面對所有情況都抱持正面態度，隨時隨地處於你的最佳狀態。
- 聊到別人時，只說好話。如果你講別人的壞話，聽眾自然而然會認定你在背後也會說他們的壞話。
- 不要搬弄競爭對手的是非。
- 你承諾過要做的事，每次都要做到。
- 適時保持聯絡。
- 假如你疏於聯絡、或是答應要保持聯繫卻沒有做到時，記得向對方說明並道歉。

●流露出你對對方感興趣，而非一昧試圖表現自己的風趣。

融會貫通：善用你的人際網絡

你已經努力花心思建立關係，也小有成果。你備妥了電梯講稿，也懂得應答簡單的問題。接下來呢？你必須再前進一個層次，那裡才是建立穩固關係的地方。

以下針對你與人對話之前、之中、以及之後，分別提供適當的溝通策略。

對話之前

了解談話的目標。在私領域裡，我們每次都要以正面開放的心態處理各種情況。要在職場上成功，則要懂得付出與接受，以開放態度和樂於分享的心態進行每一次溝通。「讓愛傳出去」是我們在所有互動裡一貫抱持的核心價值。例如，每當我出席會議或活動，總會問自己兩個重要問題：

「我可以從交談或初識的人身上學到什麼？」

「我要如何從每個人身上學到更多，與他們建立起穩固的關係，進而幫助自己的事業成長，同時有助於他們的事業發展？」

對話之中

專心投入對話，不要分心想著周遭發生的事情。

- 即使一開始對眼前的人興趣缺缺，也要保持態度中立、不預設立場。等你稍微深入了解對方後，你有可能發現對方其實很有趣。
- 將你的談話和提問技巧視為深入了解對方的一種方式。
- 把你的問題想像成一棵樹的樹枝。每個問題都是一根主幹，如果對方認真回答你的問題，而非敷衍應聲了事，你便可繼續從這根主幹延伸出一個分枝問題。
- 如果此時你從一個主幹跳到另一個主幹，你們的對話過程就會失去順暢，連貫不起來。
- 如果對方只是簡短回應你的問題，你也感覺到他對這類主題不感興趣，那麼不妨跳到另一個主幹試水溫。
- 讓你們的對話有來有往。如果發現自己講太多，而對方太安靜，請調整過來，試著讓對方多講一些。

對話之後

- 跟進那些你在活動或會議裡交談過的對象。
- 如果你口頭承諾對方會做某件事，馬上就去做。誠如我們的導師沃爾特・海利（Walter Hailey）所說：「當你答應做某件事，就應當二話不說去做。別光說不練！」
- 寫一封感謝函給對方，表示你很高興能跟他談話。
- 將對方加入你的通訊人名單，並提醒自己定期聯繫對方、了解近況。做法可視情況調整。
- 如果你不會定期見到對方，或是你們才剛認識，請務必安排下一次會面以保持聯繫。

化解策略

- 如果你第一次見到某人，請務必起身跟對方握手，微笑地注視對方的眼睛，跟他介紹你的全名、公司以及職銜。
- 設法看清楚對方眼睛是什麼顏色，這有助你保持眼神接觸。
- 保持正面積極。
- 如果對方沒有自我介紹，你只需面帶微笑問道：「請問你叫什麼名字？在哪裡工作？」
- 事先準備好一些問題來開啓話頭。
- 無論在哪個商業場合裡，你都得先弄清楚誰是主要決策者或主管。

人脈的重要性

相信你已經發現，人際網絡對於一個人的成功至關重要。無論是公司內部或外部，建立穩固的人際關係，都會影響到個人的成功。過去三年來，位於密爾沃基的「萬寶華人力資源集團」（Manpower Group）總部針對五萬九千一百三十三名客戶進行問卷調查。結果指出，當中有百分之四十一的人是透過自己的人際網絡找到工作。

自我審視的關鍵問題

- 我之前是否曾導致哪一座橋梁崩塌、如今需要重建？有的話，我的重建時間表和行動計畫是什麼？從今以後，我要如何確保自己不會再毀壞一座橋梁？

- 下次有人問我「你從事哪一行？」時，我要怎麼回答？當有人問我「你好嗎？」或「最近忙些什麼？」時，我又要怎麼回答？
- 我採用了哪些方法與人保持聯繫，進而建立我的人際網絡？如果我沒有採取任何作為，往後要如何改善？
- 過去幾年來，我是否寫過感謝函給幫助過我的人？我是不是該從現在開始寫？

錯誤 6

能言善道，卻不擅長閒聊

輕聲說、慢慢說，並且別說太多。

——約翰．韋恩（John Wayne），美國電影明星

我的新年願望是不要再禍從口出，我猜妳的願望肯定是減肥吧？

你是否常碰到某人說出令你傻眼的話？人們經常對別人預設立場，說話得罪對方卻不自知。此外，想要跟別人建立融洽的生意關係，並不代表你要跟對方分享個人私事。

你要先做好功課：知道你在跟誰講話，如果你不清楚對方是誰，就要格外慎言。事先準備好聊天的主題，有助於你跟對方展開有意義的談話。善用「如何」、「什麼」和「為什麼」之類的問題來了解對方，也讓兩人的對話能延續下去。當然，維持融洽關係並非「逼對方站上證人席說實話」，反而比較像在打網球，雙方有來有往。融洽關係的本質是誠信和真實，找到共同點之後，雙方的關係才能長長久久。以下列出一些適當的破冰問題和聊天話題：

- 「你是如何加入……的？」
- 「可以多聊一些關於……的事嗎？」
- 「你目前面臨到什麼樣的挑戰？」
- 「關於……你最喜歡哪個部分？」
- 「你從什麼時候開始……的？」
- 「你是如何為……做準備的？」
- 「你的下一步是什麼？」

適合閒聊的話題範例如下：

- 職業背景。
- 過往成就和未來目標。
- 嗜好與休閒活動。
- 社區活動。
- 娛樂（最愛的電影和書籍）。
- 時事（只要它們不具爭議性）。
- 家人（前提是對方先聊到，而且要避談涉及隱私的話題）。

請記住，即便你是個能言善道的人，也不代表你擅長與人寒暄閒聊。閒聊需要練習，也需要你有心想多了解別人、並樂於與人相處。放下你擔心自己該說什麼的焦慮，只要對別人感興趣就行了。奇妙的是，當一個人發現別人對他感興趣時，他會覺得自己備受重視。

化解策略

當你跟別人談話時，總會自然而然聊起某些特定的話題。你們聊天的內容是深是淺，端看你與那人交情的深淺。同時，要切記一點，儘管你自認跟對方的交情很好，但你針對某些主題表達强烈看法，還是有可能損害彼此的業務關係。像下列主題或聊天方式就應該避免：

- 政治
- 宗教
- 性別歧視
- 種族主義或批評少數族群
- 性取向
- 薪水

- 八卦
- 消極負面的事
- 個人私事
- 自己的家務事
- 透露太多你的個人信息
- 像在審訊，而非對談。
- 打斷對方的話
- 抱怨
- 試圖較勁，渴求辯贏對方。
- 聊天期間，你的目光不停飄向其他地方。

現身說法

我原本跟同事是閨蜜，什麼事都跟對方說，不論是私人或工作上的事都互相坦誠。然而，自從去年同事獲得晉升後，一切似乎都變了。我很後悔之前不該告訴她那麼多我個人的私事。我覺得自己之所以沒能順利升遷，是因為她認為我的家庭生活很不穩定。我不確定該如何彌補，但確定的是我學到一個教訓：不要再跟同事談及太深入的個人私事。

——某保險公司的員工

假如同事想要跟你聊這些話題，你該怎麼辦呢？不妨參考以下的對話範例，它們將有助於你避開這種情況：

對話一

弗瑞德：基姆，你對於總統和他在……議題上所抱持的立場，有什麼看法？

基姆：這個話題的確很有趣，但我不太聊這類的話題！（接著轉移話題，改問對方：「你週末過得怎麼樣？」或是「那個計畫案現在進行得如何？」）

對話二

蘿莎：凱芮，你有沒有聽說業務主任和行銷主任之間最近發生的事情？

凱芮：我沒聽說，但辦公室八卦肯定很精彩。（接著轉移話題，像是：「我們聊一聊X品牌的銷售業績吧！看來它賣得真的很好。」）

現身說法

我最近跟一位長期客戶聊到選舉的話題。這位客戶和我已經合作長達十五年，我當時真的以為可以與他分享我對選舉的個人看法。嗯，可是當我一說出自己的意見後，我立刻意識到自己犯下一個錯誤。他的肢體語言突然變得退縮，臉上的笑容也瞬間消失了。顯然我剛說的某些話觸犯到他的個人信仰，我們抱持不同的意見。我隨後為自己的冒失向他道歉，但我確實認為這件事對我們的合作關係帶來某些負面的影響。

——保險經紀公司的業務主管

用「那件事很有趣」的說法有助於緩解緊張氣氛，避免讓對方感到不舒服。同時，它也是個理想的轉換器，幫助你順利改變話題。

自我審視的關鍵問題

- 如果有人對我說出我即將要說的同樣一席話，我是否會覺得被冒犯？
- 眼前這個人對我說的話真的感興趣嗎？
- 日後，我會不會後悔自己說過這些話？

為了順利撰寫本章內容，我們找來柏納度．卡爾杜奇（Bernardo J. Carducci）的著作參考，他對這個主題提出一些不錯的洞見。在《閒聊技巧指南》（*The Pocket Guide to Making Successful Small Talk*，一九九九年出版）一書裡，他指出：「閒聊是所有人際關係的起點。儘管它被稱為閒聊，實際上很多人也真的認為它微不足道，一點都不重要；但它卻是人類文明的奠基石。人們透過它而產生連結，也避免人與人之間的不平等對待。許多人認為，閒聊是與生俱來的本能；事實上，它是透過後天習得的技能。閒聊自有它一套完整結構，以及可供遵循的法則。一旦掌握閒聊的基本結構和法則，與他人接觸就不再那麼令人生畏。」

現身說法

我最大的煩惱之一就是聽供應商跟我分享他們的個人私事。我有太多事情要忙，時間總是不夠用，這簡直是浪費我的時間。我認為應該有人出版一本名為《知道何時該閉嘴》的書，專門寫給業務員和供應商看！現在，我會直接了當告訴某幾位供應商，我只有五分鐘的空檔。我雖然喜歡交朋友，但有些人實在不善於察言觀色。

——某知名航空公司的採購經理

錯誤 7

過度仰賴科技而導致溝通不良

從許多方面來說，電子郵件都是一種獨特的溝通工具。然而，電子郵件無法取代面對面的交流。

——比爾．蓋茲（Bill Gates），美國著名企業家、曾任微軟董事長我們所有人都是科技造成溝通不良的受害者。簡單來說，導致這項問題的一大成因，是由於電子郵件幾乎不可能精準傳達出面對面交流時的語氣、態度、聲音變化以及面部表情。

電子郵件

「喂，我無法講電話，我可以寫電子郵件給你嗎？」

電子郵件是導致溝通不良的最主要原因之一。儘管它快速又簡單，一下子就把我們想表達的訊息傳給對方，但它並沒有考慮到對方可能從你的文字當中解讀到的情緒。建立融洽關係是人際溝通的最終目標，然而，按下滑鼠、寄出電子郵件卻可能瞬間破壞這樣的融洽。

有許多專家針對電子郵件造成的溝通問題與真實生活中的衝突，做了比較性的研究。雪城大學（Syracuse University）商學院的克莉絲汀．拜倫（Kristin Byron）就發現，電子郵件溝通不良的情況跟現實中的衝突十分雷同。寄件人想表達的意思並不總是那麼清楚，正面的電子郵件可能會被解讀成偏向中立，而中立的電子郵件則會被解讀為偏向負面。她還發現，收件人對於郵件裡笑話的反應不如寄件人預期的強烈。

現身說法

最近我正在進行協商，準備以大筆金額出售我的公司，準買家請我透過電子郵件提出我對這次收購的要求。於是，我就盡可能直白地寫下我期望的所有細節。我一再重讀幾遍之後才送出郵件。寄出之後，我打了通電話給準買家，但對方大發雷霆。他們從我的電子郵件裡解讀到一堆在我看來毫無惡意的額外信息。可想而知，這筆交易最後不了了之。

——某私營印刷公司的老闆

電子郵件之所以有損溝通的成效，還有其他的因素，例如：電子郵件的外觀、採正式用語或非正式用語、以及是否有錯別字。錯別字和字序顛倒，都會令收件人質疑寄件人的專業。事實上，使用得宜的話，電子郵件會是一個很棒的溝通工具。但當你正努力要建立或強化一段關係時，請拿起電話或直接走進對方的辦公室；這樣才能確保對方收到你所預期傳達的信息。

化解策略

- 確保主旨欄裡有寫出重點。
- 以傳統寫信方式撰寫電子郵件，裡頭包括問候語、本文和結語。
- 在專業電子郵件裡，請勿使用彩色或圖案當背景。
- 正確使用標點符號。
- 仔細重讀電子郵件，以確保沒有錯誤。
- 切記，電腦的拼寫檢查只會查出拼錯的單字，不會發現錯誤的語法。
- 直接了當、說重點。多數人都沒有時間閱讀冗長的電子郵件。
- 如果電子郵件裡必須寫出所有詳細訊息，請把摘要放在本文最上面。

先概述郵件包含的內容，接著再提供詳盡細節。

- 如果你想要註明「內容敏感」或「不得轉發」等免責聲明，請寫在主旨欄裡。請留意，人們多半是採用略讀方式瀏覽電子郵件，不一定會讀到最後一行，這就是為什麼免責聲明應該標注在主旨欄的原因。

適合發送電子郵件的時機

- 當你在不帶任何情緒下轉達訊息時。
- 當你需要給予簡潔的回覆時。
- 寫信的頻率低於親自見面或電話聯繫；確保直接聯繫和電子郵件的使用比例為三比一。面對面和電話聯繫才能建立穩固的關係，電子郵件做不到。

不適合發送電子郵件的時機

- 如果談論的主題會引發情緒反應，改用電話或見面溝通以解決問題。
- 如果對方在電子郵件往返過程中變得情緒化，直接打電話給他。
- 用電子郵件往返卻始終沒有結果，請拿起電話，談出彼此的共識。
- 如果電子郵件讀起來帶有一絲情緒，或是你自己不太確定，可以請客觀第三方幫忙閱讀。
- 當你生氣或不爽時，不要把自己的情緒寫進去。
- 不要寄信給通訊錄裡的所有人，你只需寄電子郵件給相關的對象。
- 如果你是要針對某一個人做出直接、冗長的回覆，請改採其他方式。
- 如果你可能給主管留下一個成天都在處理電子郵件，似乎沒空做其他事情的不良印象，請改採其他方式。

如果你不希望這封郵件被轉發給其他人，請改採其他方式。

現身說法

我收到了一封電子郵件，其中有三個錯別字。我看得出來這封信是匆匆寄出的，裡頭針對某個問題做出了回應。不幸的是，這封電子郵件已經轉發給兩名公司內部同事、以及外面的客戶。當我和其中一位客戶碰面時，他跟我聊到對於這封電子郵件的看法，他表示：「你認為戴夫是這次專案的適合人選嗎？」當我問客戶為什麼這麼問時，他提到那封電子郵件裡出現了錯別字，並強調重視細節是他們公司成功的原因。

——某公關公司的主管

自我審視的關鍵問題

- 我想傳送什麼樣的信息？
- 我重讀這封電子郵件的次數是否夠多，多到足以發現錯誤？
- 我是否應該打電話給對方或直接約他見面？

傳簡訊

傳簡訊可能會引發各種社交問題和誤會，因此在按下「傳送」之前，請謹記接下來的提醒。此外，也請切記一個原則：了解你的客戶、了解你的同事。隨著商業世界的快速變化，他們也在改變，因為有更多不同世代的人進入職場。為了順利達成目標，你得配合不同溝通對象而調整自己。

- 與人面對面交談的同時傳簡訊，是最不禮貌的行為。
- 專注在你眼前的這個人。
- 不要單純因為同事都在傳簡訊，就認為這種做法很專業、很妥當。你可以尋找其他與眾不同的做法。
- 要知道何時適合使用簡略說法、貼圖和表情符號。
- 跟客戶溝通時，非不得已不用簡訊，除非這是對方偏好的溝通管道。追蹤並記錄雙方往來的通訊內容。
- 即使是客戶主動傳來簡訊，你還是要謹記在心，簡訊永遠無法取代真正的對話。

自我審視的關鍵問題

- 我想傳送什麼樣的信息？
- 這樣的信息是否符合我的專業？會不會過於隨性？
- 我是否應該直接打電話給對方？

關於電子郵件和簡訊的額外提醒

傳簡訊或電子郵件給生意往來對象時，還必須考慮到回覆時間的快慢。若能掌握這個小細節的重要性，將有助於維繫目前與未來客戶的長久關係。

- 了解重要客戶的期望。以我們自己的客戶來說，寄出電子郵件或簡訊後兩小時才收到對方的回覆，就算是超時太久。

- 每家公司都有一套自己的標準，每個主管也都有自己的準則。重點在於你要符合對方的期望。
- 按照一般的經驗法則，不要超過三個小時才回覆，至少要先告訴對方你已經收到信息。

此外，人們並不了解別人是如何解讀自己的電子郵件。研究人員發現，電子郵件的寄件人會從自己的角度寫信，並假設收件人會用相同的角度閱讀該封郵件。事實上，寄件人很難得知自己要傳達的本意，會因對方不同的解讀方式而產生什麼樣的落差。

過去幾年來，有許多電子郵件的相關實驗在進行，旨在查證寄件人的信息與收件人對它的理解有多大程度的吻合。二〇〇五年間，《人格與社會心理學期刊》（*The Journal of Personality and Social Psychology*）發表了一篇名為〈電子郵件裡的自我中心主義：我們的溝通能否跟我們的思維一樣出色？〉的文章，其中紐約大學的賈斯丁·克魯格（Justin Kruger）、伊利諾大學香檳分校的尼可拉斯·艾普利（Nicholas Epley）、以及紐約大學史登商學院的傑森·派克（Jason Parker）和黃志文（Zhi-Wen Ng）針對他們進行的五組實驗發表成果。結果指出，即使寄件人試著同理收件人，並以收件人的視角去寫信，他們還是無法完全擺脫自身的視角。如此一來，他們便無法順利傳達幽默、語氣和其他情緒給收件人。透過這些實驗，研究者發現多數人都不清楚自己的訊息如何被對方解讀——即使他們試圖調整也徒勞無功，因此造成溝通不良以及語意不明的結果。

錯誤 8

在社交平台上大放厥詞

別在網路上說任何你不想被人拿來做文章、大肆宣揚的事情。

——艾琳・伯里（Erin Bury），Willful 公司總裁

「是喔，講的好像老闆會知道我成天都在臉書上打屁。」

社交媒體是個人品牌的延伸，必須明智地善用它們。要記住，社交媒體毫無隱私可言，要知道你發布的貼文可以當作呈堂證供使用。從另一方面來說，如果社交媒體使用得宜，它會是一個與生意夥伴建立關係的有效方式。切記，你在網路上發布的所有內容都將永遠存在，它們可能會影響到你的職業生涯，不論你在幾歲發布、或是多久以前發布都一樣。

我們與社交媒體權威蘿倫・費恩

斯坦（Lauren Feinstein）和亞當・托博洛斯基（Adam Tobolowsky）共同擬定了社交媒體與商業計畫整合的最佳建議做法。本章將著重在如何善用社交媒體建立你的個人和專業品牌。

許多人對於使用社交媒體心存顧慮，害怕投入之後，可能無法做好後續的維護工作。社交媒體能否成功，取決於使用者投入多少心力。想像一下，某個消費者只透過社交媒體搜尋特定產品，他會依照自己的需求輸入關鍵字進行搜尋，然後從列出的清單裡選擇最可靠的賣家來下單。那些建立帳戶之後，卻未持續維護社交媒體的賣家，很快就會被其他經常更新的用戶給刷到清單底端。社交媒體的快速傳播特性是不容置疑的，而且它們對於近來全球各地的起義事件和政治體制變化具有一定的影響；然而，還是有些人怯於利用它來推銷自己的業務。要知道，社交媒體的力量無遠弗屆，只要善用正確的工具，你就能大有斬獲！

現身說法

我們的招聘團隊會透過臉書等社交媒體審查應徵者的背景，發現許多人發布的內容已經失控。我建議大家問問自己，日後有沒有打算進入職場工作？如果答案是肯定的，那就遠離它們。聯邦調查局特務和大多數法界人士都沒有使用個人的臉書帳號，因為一旦資料曝光太多，就有讓某些心懷不軌的人拿來作惡的風險。在職場上走跳也是如此。

——某顧問公司的合夥人

誠如領英網站（LinkedIn.com）所述，社交媒體有兩大優點：首先，它非常即時。你可以迅速回應客戶的需求和回饋。其次，你可以透過你的網站跟其他公司交流，進而反過來增加自己公司的網路流量。另一方面，社交媒體也有一些缺點：它們很花時間，經常上線和更新內容十分耗時。此外，不滿意的客戶會立即發布酸文，也會有更多的人看到。

懂得善用社交媒體的正面和負面特質十分重要；尤其當你所有的事情都透過線上文字交流時，更要加倍謹慎運用。

LinkedIn

透過 LinkedIn 提供的工具，你將能有效連結、組織，甚至重新整合過去、現在和未來的人際網絡。譬如說，當被系統問到請清楚說出「你如何認識這個人」時，務必仔細回答，才有助於將多年經歷累積的聯絡人進行分類和保留。一旦機會來臨，你已經做好準備了。請記住，

LinkedIn是一個虛擬簡歷和連結人際網絡的網站，專門用於商業用途。它是一個商業的社交網站，而不是純社交的社交網站。

化解策略

- 隨時更新工作相關的近況。
- 任何富含爭議或政治不正確的貼文都可能威脅到你的專業信譽，務必謹慎。
- 貼文應該不要過於頻繁，你要看重的是專業素質而非貼文數量。
- 群組有助於拓展你的個人和專業品牌。加入群組，讓自己有機會認識到具有相同專業興趣的潛在聯絡人，並且有機會碰到欣賞你洞見的識馬伯樂。

- 一則富含洞見的評論可能帶來長遠的影響，任何專業人士都應該善用此功能，讓自己有機會經由現在的聯絡人結識到新的聯絡人。
- 確保你網頁文字的品質，務必是經過深思熟慮後才寫下的。
- 校閱以避免錯別字，保持資訊簡明扼要（人們想看到的是重點）。
- 從基層員工一路到 CEO 都適用 LinkedIn 這項工具。
- 一般而言，客戶經理在這裡更容易找到決策者。另一方面，CEO 可以透過 LinkedIn 管理大量的聯絡人清單，並向其他人展現自己的領導能力。

現身說法

我不敢相信為何有那麼多大學生在網上刊登不雅照片。難道他們不知道現在的招聘人員會到社交媒體上查看他們的背景嗎？許多人都是因為不適當的貼文，而沒有獲得我們聘用。

——某《財星》500大企業的招聘人員

臉書

臉書帳號分成兩種：私人網頁和商業網頁。這意味著你不應該擁有兩個私人帳號，把其中一個做為商業用途，另一個做為跟朋友和家人交流用。重要的是，你應該針對不同主題選用適合的帳號。如果某個網頁是為了跟朋友和家人交流，請採用私人帳號；若該網頁是為了商業用途，請採用商業帳號。倒不是說你沒遵照這樣的遊戲規則就是不對；事實上，沒有選用正確的網頁可能害你事倍功半，無法順利拓展市場。在推廣品牌時，若將資源一分為二，可能會影響到你的整體目標。換句話說，用兩個臉書專頁去推廣同一品牌，就等於兩邊各瓜分掉一半的按讚人數。不爭的事實是，多數人都沒有那個美國時間針對同樣一件事按兩次讚。總之，把你的心力全集中在一個粉絲專頁，並努力在它上面集結人氣。

化解策略

● 使用適當的隱私設定，但不要掉以輕心。即便你用的是最嚴格的隱私設定，想要查找你個人信息的有心人士（老闆、家人、甚至執法部門），總還是有辦法找得到。

- 只要有心，任何人都可以在網路上找到他想找的人；你得格外謹慎。
- 私人和商業網頁最好分別採用適合它們的隱私設定；畢竟兩者在性質和內容上都不同，理應採用不同的維護管理方式。
- 隱私設定不再只限於照片、訊息和交友邀請。臉書目前已經進展到能夠把瀏覽對象細分為朋友、點頭之交、家人和其他人。這樣一來，就能讓用戶根據貼文內容發布給合適的對象，進而屏蔽掉其他或沒必要看到的人。
- 不要發布任何跟工作有關的負面內容。切記，許多雇主會追蹤公司電腦裡的網路使用記錄。
- 刻意控制你的發文次數；用戶不希望自己的信箱塞滿一堆不必要的訂

閱信息。太頻繁的發文會迫使別人將你刪除好友、或是取消追蹤粉絲頁，因而損害商業或私人的人際關係。

除非你已經成為某個行業的意見領袖，否則對於私人帳號來說，一天三則貼文就差不多。如果你已是意見領袖，則要確保維持臉書的常態發布。

現身說法

當我看到一個客戶發文說他超級厭惡那星期的工作，巴望著星期五趕快到來時，我感到很詫異，因為他所有的同事都看得到這則貼文。不知道他自己是怎麼想的？犯下這種錯誤的人應該慶幸自己還保有工作，對於寫這類貼文的人，我是絕對不會把他推薦給任何人的。

——某ＩＴ外包服務公司的經理

YouTube

憑藉著成千上百億的網路流量，YouTube 已成為網路視覺知識的主要來源之一。每天都有許多品牌、公司、產品和服務在 YouTube 上面發布影片供人觀看，用全新的方式創造收益。如果你是 DIY 達人或是專門教人新技巧的人，肯定要使用 YouTube。YouTube 對於你在網路上的整體曝光度扮演著至關重要的角色，而且是無可取代的墊腳石。

化解策略

- 在你迫不及待投入並製作影片前，先確保自己已經詳讀 YouTube 的服務條款。

- 定期回覆影片下方的評論。
- 利用這個平台做為建立新關係的另一種方式。
- 你的 YouTube 頻道設計將為你的風格定調，因此在你上傳第一支影片前就得先規劃好。
- 確保你的影片格式符合 YouTube 的規定，方能吸引更多人次觀看、快速成長。

推特

就內容上來說，推特跟其他平台不同；它比較著重在說了「什麼」、而不是由「誰」所說。在搜尋時偏向以關鍵字為主，不像臉書在搜索時比較著重在「人」上面。如果你的推特暱稱用的是假名，沒人會知道內容是由你發布的話，請放心耍蠢、開心享受。但如果你的推特帳號代表你個人或工作專業，請小心篩選你發表的看法。推特是提供人們自由發表言論的平台，不應惡意濫用。此外，你在推特上所寫的每字每句都是公開的，它們都在傳遞你的品牌形象，千萬別輕率發言。

化解策略

- 設法讓內容風趣且生動。但切記，假如你說得很好聽，事後卻沒認真執行，則可能衍生出問題。
- 請注意，儘管你發文後決定刪除，用戶仍然可能在那短短時間內看到你的貼文。某些程式甚至能讓人查看已經刪除的發文，尤其是當內容涉及不堪入耳的咒罵時。

- 使用推特做為你向業界人士展現洞察力的一個平台。
- 積極參與你感興趣的線上社群，有助於訓練自己成為意見領袖。富含洞見的評論可以逐漸提升你在同業之間的可信度，並且提高你的曝光度，建立公眾人物或商業領袖的風範。
- 追蹤那些讓你感興趣的人，這有助於拓展你的視野，最終吸引更多的人來追蹤你。追蹤者的數量象徵著權力和影響力。
- 如果你的目標是提高知名度，其實每個追蹤者就代表著一個龐大的潛在讀者網絡，這正是為什麼推特和所有社交媒體能夠如此快速傳播。
- 在搜索欄裡輸入你感興趣的主題，找到新的對話加入，並追蹤其他人。
- 不妨考慮追蹤推特推薦給你的對象，並留意時下的潮流話題。
- 使用推特商業帳號來結識商業夥伴。
- 設法讓你的客戶追蹤你，並確保你的推文富含專業度。

- 保持對話。把推特當成一個討論的平台；讓你的客戶也能看到別人對你的推崇。
- 感謝那些發表評論的人。
- 太常發表沒營養的推文會害你流失粉絲。別忘了，推特只容許一百四十個字元的推文上限是有原因的，讀者主要想看的是重點。

部落格

在部落格裡，你所發表與工作相關的內容都可能會落人口實，因此要記得採用專業語彙，別使用俚語。每次寫完後要再三審閱，確保沒有錯別字或語法錯誤；而且內容要簡明扼要。此外，誠如我們在談論其他社交媒體時所提到的，不要提及太多個人私事，有些意見自己知道就好，不用說出口。把你的部落格經營得賞心悅目、內容有趣、對讀者有益且能增長見聞，方能讓他們持續回流。

化解策略

- 不要針對工作發表任何負面評論，免得讓同事或客戶看到。妥善管理你的隱私設定，避免讓你的私密信息公諸於衆。
- 切記，許多雇主會追蹤公司電腦裡的網路使用記錄。
- 不當的信息可能會讓人們對你的品牌產生反感。

現身說法

我不敢相信某間公司的員工竟然在網路上發表不當的評論。雖然這是他們在工作之外的自由，但他們難道沒有意識到發布的內容會影響到我對他們的看法嗎？他們應該私下討論就好，沒必要讓不相干的人知道。

——某國內護膚品公司人力資源部的副主任

自我審視的關鍵問題

- 我是否已經計算清楚自己建立網路曝光度的投資報酬率？
- 我是否承諾自己每週至少投入一小時在網路上建立自我品牌？

錯誤 9
成為溝通破局的老鼠屎

要想改變一個人，首先必須改變他對自己的認知。

——亞伯拉罕．馬斯洛（Abraham Maslow），心理學家

「談判本來進展得相當順利，直到克魯格決定『全程否定對方』才破局。」

你有沒有在職場上聽過「拋錨」（staller）或「停擺」（stopper）的說法？所謂的「拋錨」和「停擺」，指的是危害事業發展的某些人格特質或行為。過去二十年間，我們培訓且合作過的對象已逾十萬多人。在許多課程裡，我們會請學員描述在溝通過程裡對方出現哪些行為，會讓他們不想再跟對方繼續合作。本章將會揭露我們最常聽到的那些行為。

辦公場所的負面情緒十分具

有殺傷力，必須妥善管理。然而，多數人通常不知道自己給人負面的感覺。我們訪談一百位客戶，列表整理出他們從同事那裡「聽到」的負面情緒——也就是他們「解讀」為負面的說法。同時，我們還列出將負面轉成正面說法的對照範例。閱讀下表時，請想想你自己會怎麼說，以及你是如何解讀它們的。

負面說法	換個方式說
那件事我做不到！	那件事我可以做。
我不知道你指的是哪件事？	請告訴我你指的是哪件事。
我不認為有發生那件事。	請跟我描述事情發生的經過。
我無法接受！	我會處理好的。
我早就知道這種事會發生在我身上。	我已經準備好因應這樣的狀況。

負面說法	換個方式說
我不知道目前問題到底出在哪裡？	我們一起找出問題出在哪裡。
不是我做的。	我們需要找出解決方案。
有人就是會問一些蠢問題，真煩！	我很樂意回答任何問題。
他每次都那麼做。	我從他的做法中發現了某種模式。
他從來沒那麼做過。	我想再多方了解……
這太不公平了。	我們現在進展到哪兒了？
我不敢相信會有這種地方。	這裡是個很有趣的地方。
他超級討人厭。	他很特別。

導致溝通破局的其他因素

●打斷別人的話

如果A代表生命裡的成功，那麼A等於X加Y加Z。X是工作，Y是玩樂，Z則是把嘴巴閉上。

——愛因斯坦，物理學家

當我們問學員，溝通過程裡出現哪些行為會令他們抓狂，最常聽到的回答就是打岔。打斷別人講話會讓溝通破局，因為它會讓對方認為你根本不在乎他說的話。因此，一旦某人打岔，他等於切斷雙方溝通的繩索，也失去了建立關係的機會。最糟的狀況莫過於你想要講一件事，可是話才講一半，對方就幫你接著完成；不然就是直接打岔，改談論他們自己認為更重要的話題。

現身說法

我旗下某位超級業務員來找我談加薪的事。他的表現一向可圈可點，但每當我講話時，他總是愛打岔。更糟糕的是，我話才講一半，他就接下去替我完成。有一次我坐下來要告訴他因為目標超前而要幫他加薪時，他搶先打斷我的話，表明他很失望不能獲得加薪，但他能夠理解。假如他能讓我先把話講完，我想他會更滿意我原本要說的結論。

——某家居裝修店的銷售經理

化解策略

- 千萬別自以為你知道對方下一句想說什麼。
- 每次談話前，都要抱持學習全新事物的心態去傾聽對方。
- 專注在對方說出口的話，而不是你接下來想說的話。
- 如果你想要提供建議，請停止思考你等一下想怎麼說；先確定對方真的需要你的建議，而不只是純粹發洩情緒。
- 當對方說話告一段落時，先等個三秒鐘，確定他們真的講完了。
- 許多時候，客戶告訴你的正是他們希望你用來打動他們的線索。唯有你認真傾聽，你才有辦法順利將產品銷售出去。
- 千萬不要在會議中打斷別人，這會讓所有人對你產生不良的觀感。

現身說法

我有個很糟糕的習慣，就是愛打岔。有一次我跟同事準備一起去開會，他告訴我一件事。我自以為理解他的感受，知道他接下來想說什麼。每當他卡在某個地方，思索著要怎麼描述時，我就替他把話講完。到後來，他對我說：「你能不能讓我完整說出我的想法、聽我說出我的真實感受呢？」我聽完著實大吃一驚，但仔細回想之後，我才理解到自己真的很沒禮貌。現在的我會特別留意，克制自己不去把對方的話講完、也不要打斷對方。

——某藥品銷售代表

自我審視的關鍵問題

- 當有人打斷我講話時，我自己有什麼感覺？
- 當別人講話時，我有沒有專心傾聽？還是我只是迫不及待自己開口說話？
- 在我加入對話之前，是否有等其他人講完話才開口？

●話太多

> 言多必失。
>
> ——珍．奧斯汀（Jane Austen），英國小說家

千萬別把好的閒聊跟好的溝通混為一談。當有人問某個直接的問

題，他們通常想要聽到簡明扼要的回答。在商業領域裡，首要之務是專注於眼前的業務，而不是談一些無關緊要的話題。即使在日常社交場合裡，每當碰到有人話太多，大部分人都會紛紛閃避，敬而遠之。

現身說法

我面試了一位前來應徵銷售員的年輕人，他非常聰明。舉手投足都深具魅力，肢體語言也相當正面，一開始就給我留下良好的印象。接著，我請他分享在職業生涯裡想追尋的願景。等我有點不耐煩地低頭看手錶時，發現他已經講了三十分鐘，卻依舊滔滔不絕，絲毫沒有打算停止的跡象。無論我們身處什麼樣的職位，知道適可而止的時機相當重要。你必須懂得如何簡明扼要地表達完整信息，這關係到溝通能否順利成功。

——某汽車集團銷售部副主任

化解策略

- 始終流露出你感興趣，自然能扼止自顧自講個不停的衝動。當你表現出對某人感興趣時，對方會因而相對地更對你感興趣。
- 如果對方一直東張西望，那表示你可能沒有抓住他的注意力。
- 當你注意到對方眼神開始呆滯，對你說的話沒有反應時，馬上閉嘴。
- 如果對方超過五分鐘都沒有講話，他們腦中可能正在想著其他的事。
- 留意對方的肢體語言，如果他們沒有看著你、點頭或是身體前傾，他們可能已經對你失去興趣了。

除非在適當的場合裡，否則個人私事少說為宜。

自我審視的關鍵問題

- 在過去五分鐘裡，對方是否有說什麼話？
- 我是否在展現風趣的同時，也流露出對另一人感興趣？
- 當我發現對方對我已經喪失興趣時，我該如何重新獲得他的注意？

●自以為萬事通

人們不在乎你知道多少，除非他們知道你有多麼在乎他們。

——小狄奧多．羅斯福，第二十六任美國總統

「懂很多」跟「自以為萬事通」是兩碼子事。你要如何知道自己是不是一個「自以為萬事通」的人？別人是不是常說你是個「自以為聰明的傢伙」呢？如果你每次遇到什麼事情都很懂，總能說出一番大道理——或是你自以為正確的道理，那麼你可能就屬於這樣的人。還記得「周哈里窗」嗎？是時候找個你信賴的人，聽取他的回饋了。時時刻刻給人這種萬事通的印象，其實反而會對你造成妨礙。沒有人喜歡和一個「自以為萬事通」的人在一起，跟這種人相處真的很累，多數人聽到後來只好把耳朵關上。要知道，如果對方沒有聽進你想說的話，就無法達成你的溝通目標。

化解策略

- 請記住，總有其他適當的時間和場合讓你一吐為快。
- 當個傾聽者。
- 留意別人是否有邀請你加入對話，而不是你逕自加入。
- 多問對方問題。
- 尋找一個能夠幫助你學習傾聽、練習同理心的導師。
- 不要讓你的自我妨礙溝通。

自我審視的關鍵問題

- 親朋好友常會開玩笑說我是個「自以為什麼都懂」的人嗎？

● 在多數談話裡，是不是八成以上的時間都是我在說話？我要如何把它降到五成以下？

● 我何時有機會去練習改變這樣的行為呢？

●分心或是不夠專注

我學到的一個寶貴經驗是，關注力的重要性無可取代。

——黛安．索耶（Diane Sawyer），美國新聞記者

誰都不希望自己不受人重視。當我們不專注在對方身上時，我們不僅不重視他們，還犯下一個非常嚴重的溝通錯誤。當我們不專注於眼前的對談，我們形同摧毀了信任。相反地，當我們在溝通過程裡全神貫注，就能夠建立起信任。建立信任從握手那一刻開始：握住對方的手，

與對方目光交流，是建立融洽關係的第一步。另一方面，假如你分心、東張西望的話，對方就會感覺不受重視。專注力是溝通與建立融洽關係的必備條件，也是關係得以長久延續的基石。

現身說法

我們針對管理進行了一次調查，請辦公室員工描述他們最推崇自己主管的哪方面特質。一位近來嶄露頭角的經理表示，他最佩服自己主管的一點，就是每當他走進主管辦公室時，不管主管正在忙什麼，都一定會停下來全心專注在他身上。這讓他覺得備受重視，被視為團隊的重要一分子。從主管身上，他也學習到如何成為一名更優秀的領導者。

——醫院主管

瓦萊麗・賈芮特（Valerie Jarrett）身兼多種角色。她是前總統最親近的私人顧問、前第一家庭的好友，也是白宮的前主要聯絡人。多年來，賈芮特總是以冷漠對待非支持群衆；然而，她最終意識到這不是改變對方立場的最佳行動方案。於是，賈芮特向白宮官員發出聲明，籲請他們成為更稱職的傳聲筒。從那之後，政府便開放並廣納各種聲音和評論。

賈芮特底下的聲明深刻且觸動人心：無論你是誰、無論你是否同意對方的論點，你都要抱持開放心胸參與對話，這將有助於提高你的溝通成效。

化解策略

講電話或講手機時

- 站起來，轉身離開你的辦公桌，專心跟對方講話。
- 如果需要做筆記，不要只是胡亂塗鴉；要保持專注。
- 千萬不要同時忙其他的事情；電話另一端的人肯定會發現。
- 全神貫注與對方交流，否則可能錯失一個生意良機。

開會時

- 放下手邊所有事情，全神貫注。
- 除非你有必要記下與會者所說的話，才拿起筆做筆記。
- 不要使用手機；開啓「勿擾」模式。

- 必要時關上門，不容任何人打擾。
- 如有必要，請到私人會議室碰面。
- 保持眼神交流。
- 不要跟鄰座的人私下聊其他話題。
- 別做出可能引發其他與會成員負面聯想的眼神交流。
- 你的肢體語言也要保持專注；不要一副坐立不安的模樣。
- 專注在討論或議程上。
- 你對別人愈尊重，你本身就會得到愈多的尊重。

現身說法

我工作一直都很忙。當別人來找我聊他們的問題時，我很難專注傾聽他們的需求，畢竟我本身有太多待辦事項要處理。我後來發現我變得忘東忘西、疏於關注我的屬下、也失去同事的尊重。從那以後，我開始隨身攜帶一本小筆記，只要有誰請我幫忙做什麼事，我立刻就把它寫下來。如今，我的同事們知道我會關注且傾聽他們的需求。此外，寫筆記可以確保我做到答應要做的事情，而不必把每件事都記在我的腦海裡。

——國內某奢侈品公司的客戶經理

結交新朋友

- 握手時，請注視對方的雙眼。
- 聽清楚對方的名字，方便你稱呼對方；或是有機會把對方介紹給別人時方便稱呼。

- 不要望著對方身後查看在場的還有誰。
- 如果有很多人一起參與談話，不要只跟其中一、二個成員私下聊其他話題。
- 完成你承諾做到的事情；這會讓其他人知道你值得信賴，而且有聽進他們說的話。

自我審視的關鍵問題

- 當我努力引起別人注意，但對方仍自顧自做他手邊的事情，我會有什麼感受？
- 當有人找我談話時，我是否停下手邊的事情，全心專注在對方身上？如果沒有，試想一下這麼做會對我們的關係造成什麼影響？

• 我可以做哪些事情，讓每個跟我說話的對象都感到備受重視呢？

● 升起防禦心

人若在氣頭上，開口之前先從一數到十。若是非常生氣，就數到一百。

——湯瑪斯・傑弗遜（Thomas Jefferson），美國第三任總統

碰到有人說了什麼或做了什麼惹毛你的時候，或是某人質疑你做了某件事的時候，你有沒有感覺到血壓瞬間飆高？當面臨衝突、壓力或威脅時，我們通常會出現防禦性行為。當我們感覺遭受攻擊、操控、評斷或責罵時，腦海中就會升起一面紅旗。

一般而言，只要進入防禦狀態，我們的理性思維能力就會受到影

響，很容易出現情緒化反應。即使知道情緒化反應會減損別人對你的信任，此時的你還是很難保持理性。

無論什麼狀況，如果有人讓你升起了防禦心，你都要克制自己別跟對方一般見識；這樣一定可以讓你獲得尊重。切記，許多時候對方的用意只是在告訴你他的感受。如果你保持在最佳狀態，你會這樣問自己：「我能從對方的話裡頭學到什麼？我要如何才能有所成長？」倘若我們認定自己無法從那樣的情境成長，過度在意自我，而非對方傳達的真實信息，我們就很容易犯下錯誤。

現身說法

上週我主持了一場會議，有個同事跑來跟我說：「我有一個超棒的主持機會要介紹給你。」我聽了覺得非常興奮。他接著說：「但你在主持會議時，我希望你留心別太常說『嗯』；還有，每當你不確定下一句要說什麼時，你會習慣重複前一個句子。」老實說，這不是我期待聽到的「機會」；我當下就開始找藉口辯解。但經過一番自我審視，我了解到他是百分之百支持我的，他說這些話純粹是為了幫助我成長。

——某公司的財務顧問

化解策略

- 多一些自我覺察。
- 認清自己的地雷有哪些。
- 盡量不要做出情緒化反應或讓自己崩潰；遇到這樣的狀況，請深呼吸。
- 其實你可以選擇走開，冷靜思考剛剛對方說的話，稍後等你恢復一些理智時再來處理。
- 暫停對話，並表明：「你說的話我聽見了。」這樣可以讓對方覺得你有認真聽他講話。
- 問清楚對方真正的意思，像是「我想知道自己是否解讀正確……」或是「我想確認我所聽見的跟你說的是一致的……」。
- 不要單方面說個不停；問對方問題，弄清楚他真正想表達的意思。

◎放下你的自我；就算沒辯贏對方也無所謂。

◎以贏得尊重和信任的方式去回應對方。

自我審視的關鍵問題

- 聽到自己不贊同或是意見相左的事情，我會如何回應？
- 當我發現別人出現防禦行為時，我會怎麼處理？
- 當我感覺自己防禦心升起時，我會如何進行溝通？

扣分字眼

你是否曾經遇過某人用了不恰當的字眼、方言、例子或故事，而讓你退避三舍？無奈的是，這些印象會留在我們腦海中，進而影響我們跟那人的合作。

我們每個人都曾說錯話；有時候我們甚至沒有意識到自己做了或說了什麼。根據聆聽者的經驗和教育背景，我們說出的話會產生不同的解讀。

有些字眼因為使用頻率高，演變成大家普遍能夠接受。重點在於，對方若是發現某些字詞過度濫用時，就會影響他們對於說話者的觀感。

如果你在工作場合有機會說英文，下表檢附了一些不正確的單字和發音案例，並提供較為理想的版本做為參考。

扣分說法	加分說法
發音	
Gonna	Going to
Wanna	Want to
Irregardless	Regardless
Etiqwett	Etiquette
Gimme	Give me
Aks	Ask
用字	
You guys	All of you
Yeah	Yes
Totally	Absolutely
No problem.	Of course.
I'm doing good.	I'm doing well.
過度濫用的字眼： Okay（好的） Really（真的） You know（你懂的）	用行動取代過度濫用字眼： 停頓 傾聽 點頭
粗話和髒話	把粗話和髒話徹底移出你的字典

現身說法

你有沒有聽過自己不小心說出某些話，一說完就立刻覺得自己超不專業，甚至像是沒教養的人說出來的話？某次開會時，我用了「一拖拉庫」這樣的字眼回答副總裁的問題，結果大家問我是不是從小在山裡面長大，我當時真想挖個洞躲起來。還有一次，我反覆說著「好滴」這個詞，結果有人說他聽到都翻白眼了。有些時候，我還會唸錯字或用錯成語，實在非常丟臉。我發現，正確的用字遣辭和語法真的非常重要，而且要避免使用俚語或無厘頭的字眼，因為這樣會大大減損別人對我的觀感。

——某保險公司專案經理

化解策略

- 詢問你的良師或好友是否發現你經常使用某些字眼。
- 如果有人跟你說：「……是你的口頭禪」，口頭禪就是一種線索。
- 在你上台發表簡報或主持會議時，錄下自己說的話。
- 停頓，並且安然接受靜默的空檔。
- 善用非語言的手勢。
- 多多閱讀、學習新的語彙。
- 若你不確定某個字的意思，請查閱字典。
- 問問自己，你從小到大習慣的某些發音到底正不正確，會不會妨礙你的職業生涯？

自我審視的關鍵問題

- 為了填補靜默的空檔，我通常會說什麼補白字眼來讓自己安心？
- 我有沒有過度濫用什麼字？如果自己不清楚，可以找誰請益？
- 我要如何戒除過度使用這些語彙？

發表簡報時的填補詞

你有沒有遇過這樣的情況，明明某位發表簡報的人平日辯才無礙，為何上台後壓力一來，話就說得結結巴巴？即使他平時總是口條清晰，備受其他團隊成員的敬重，但到了上台發表簡報時，卻開始結巴、頻頻吃螺絲；而且更讓你傻眼的是每講一、二句就會來個「嗯」或「呃」。為什麼會這樣呢？

每當我們不知道下一句要怎麼說時，就會加入許多「填補詞」，例如「嗯」、「呃」和「我覺得……」。

一般來說，當演說者說出這些填補詞或做出填補動作（例如咬嘴唇）時，其實都是下意識使然。他們藉由填補詞或填補動作，方便自己銜接等會兒要講的其他主題或是舉例說明。換句話說，從一個主題切換到另一個主題的中間，需要一段簡單的轉換過程。若是講者事先沒有準備適當的轉換方式，他的下意識就會幫忙填補。因此，有些人會說出過多的「呃」，有些人則是用搔頭來做填補。其實，這兩種情況都可以避免。

要消除填補詞和填補動作的最好方法，就是用其他行為來取而代之。因此，在轉換點或是每當你覺得需要加入東西填補時，只要停頓就行了。然後深吸一口氣、整理一下思緒。實際上，看似冗長的停頓，對你的聽衆來說反而是一個很棒的喘息空檔。他們同樣需要短暫休息，方能繼續集中注意力。

自我審視的關鍵問題

- 有什麼俚語或填補詞是我一再重複使用的？
- 聽別人說話時，我是否注意到任何不妥當之處？
- 我要怎麼做，才能把填補詞和無厘頭的語彙從職業生涯裡徹底移除？

錯誤10

預設立場

每個人眼前都有許多絕妙的機會，只不過這些機會巧妙地隱藏在不可能的情況裡。

——查爾斯·斯溫德爾（Charles R. Swindoll）

在溝通過程裡，許多事情會阻礙我們。我們可以任由這些事情困住我們，也可以積極解決它們，設法改善我們的溝通現況以及人際關係。要知道，職場上的溝通不良會影響事業發展。

預設立場

在《戰勝組織的防衛》（*Overcoming Organizational Defenses*）一書裡，作者克里斯·阿吉里斯（Chris Argyris）提出「推論的階梯」（Ladder of Inference）這項概念，用以說明人們思維的運作模式。每個人腦海裡都累積了過去的經驗，當我們處理眼前發生的事件時，我們會經過一系列的步驟：根據過去的經歷得出結論，然後採取相應的行動。

換句話說，當有新的信息進入腦中時，我們會根據觀察的結果、揀

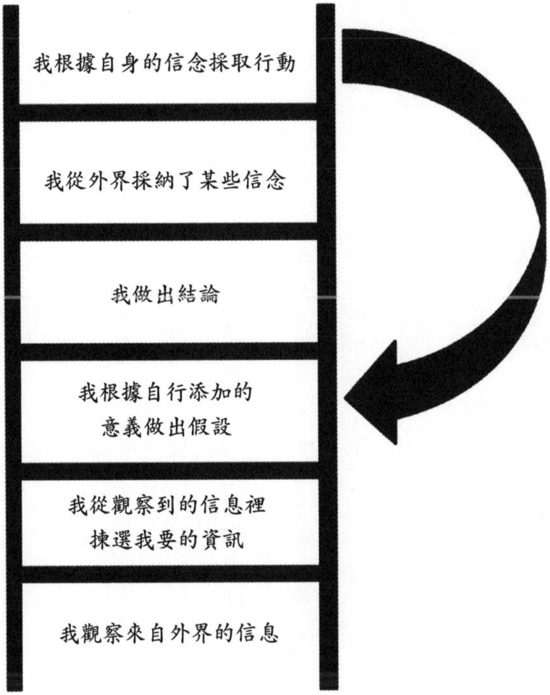
我根據自身的信念採取行動
我從外界採納了某些信念
我做出結論
我根據自行添加的
意義做出假設
我從觀察到的信息裡
揀選我要的資訊
我觀察來自外界的信息

摘錄自彼得．聖吉（Peter Senge）的《第五項修練》
（*The Fifth Discipline Fieldbook*）

選我們認為適合眼前情況的信息，進而分析它，然後採取行動。

問題是，所有這一切全發生在短短的瞬間裡，在我們看來再清楚明白不過的事情，卻可能只是我們單方面的想法。我們選擇那些吸引我們注意的事情，卻忽略我們不想看到的事情。針對所看到的事情添加意義，進而做出假設；然後再根據這些假設，得出結論。

我們與人溝通的時候，所有這一切過程都會發生。簡單來說，我們會把自己過去的經驗和包袱帶進每次的交流裡。我們得出結論，認定某人總是會以某種方式行事，我們自然而然地認為他們的動機、行為、慾望、渴望和喜惡應該跟我們預想的一模一樣。然後，我們的情緒開始產生變化，最後做出正面或負面的情緒反應。在工作場合裡，我們會根據自己的結論做出各種回應，而且通常是情緒化、非理性的回應。這樣的循環持續上演，隨時隨地都在發生。

接下來的例子或許可以讓你更清楚理解上述談論的內容。我底下有一名員工，他的表現向來相當優秀。然而，從兩個月前開始，他就疏於做好歸檔的工作。當我需要查找某個早應歸檔的客戶資料時，卻遍尋不著。於是我想：「當然囉，不將資料歸檔很像是他的作風。」我的直覺假設還包括：他很懶散、做事虎頭蛇尾、沒有遵照我的要求做事、可能無法勝任這份工作、眼高手低等。

根據這些解讀出來的信息以及我個人的推測，我得出的結論是：我不再看重這名員工。我的信念是：你要承擔自己種下的果。根據這樣的信念，我決定採取行動：訓斥這名員工。這就是在我腦海中運行的「推論的階梯」。

一開始，我並沒有考慮到這名員工可能發生了什麼事情，例如：

- 近來他的工作碰到瓶頸，卻不好意思尋求幫助。

- 他的確將資料歸檔了，只是放錯地方。
- 是我自己找錯地方了。
- 工作負荷太重，使得他進度落後。
- 系統發生故障，但他沒有發現。
- 他可能不是這份工作的理想人選。

由於我發現自己有可能判斷錯誤，於是決定改採完全不同的態度與他談話。以下是幾種可能的解決方案：

- 「你能幫我弄清楚為何這份檔案找不到嗎？」
- 「我知道這不像你一貫的做事風格，可是過去的兩個月來，我都沒有看到任何文件歸檔。你能告訴我發生了什麼事嗎？幫我弄清楚狀況。」

重要的是，我們從現在起必須覺知到有這樣的思維模式在運作。我們有必要改變行為，才不至於犯下錯誤，導致一段人際關係的決裂。

化解策略

- 小心別讓你的假設影響到溝通。
- 試著認清你情緒的根源。
- 盡可能開誠布公，放下你的防禦心，讓對方知道為何你會衍生這樣的假設、解讀和結論。
- 放下你的高姿態，容許別人挑戰你假設的真實性。
- 使用開放式且不具批判性的問題來詢問對方，而不是充滿偏見的質問。
- 不要太快同意或反駁對方。

尊重對方。

自我審視的關鍵問題

- 過去的經歷是很好的預測因素。反省過去的經驗，問問自己未來能做什麼樣的改變？
- 我是否已經羅列出所有的解決方案？
- 遇到障礙時，我選擇採用什麼樣的態度來面對？

是事實還是虛構？

「他一定是故意不邀我參加那次的會議。」「你有看到他翻白眼嗎？」

「我知道那次會議結束後，他肯定在背後說我壞話。」「他們就是不喜歡我。」

你是否曾經這樣想過或說過這樣的話？這些話其實都會讓溝通「拋錨」或「停擺」，為什麼呢？接下來我們試著用簡單白話的方式，從大腦科學的角度進行分析。

我們必須意識到一件很重要的事實：當我們開始對某件事產生負面想法時，即便我們一句話都沒說，還是會透過肢體語言表現出來。同樣地，負面的感受也會透過我們說出的話，讓溝通的當事人感受到。

首先，我們要問：這些想法從何而來？它們是如何在我們腦海中形成鮮活的故事？我們會根據自己的看法解讀對方的一言一行、以及隨之衍生而出的各種情緒感受，並不斷在腦海中渲染和編造故事。這些故事到頭來可能會演變成誇大不實的戲碼，最終導致溝通或人際關係決裂。

想像你腦中有一只風扇，把這些故事吹到每個角落。我們從對方行為裡讀到愈多的線索，這只風扇就吹得愈加猛烈。

要知道，你腦海裡的這些故事，最終有可能阻礙你職業生涯的發展。重點在於你要分辨清楚什麼是情緒化、什麼是真實。不過，有時候這兩者很難區分。遇到這些情況，不妨問自己以下這些問題，它們可以幫助你理順情緒、放慢「風扇」的速度，讓你有足夠時間去判斷你故事的真實性：

- 將情緒因素排除之後，這個情況裡有哪些部分是真實的？
- 這是真的，或是我自己編造出來的？
- 如果這件事是發生在別人身上，我會如何看待？
- 我遺漏了什麼線索嗎？
- 抽掉情緒後，我覺得自己很糟糕嗎？還是覺得自己先前的行為很糟糕？

- 我以前是否發生過類似的情況，以至於我過度概化眼前的事件？
- 我能否找到某個不感情用事的中立人士，請求他協助我釐清這種情況？

有時候，我們會根據各種線索在私人和工作領域裡編寫劇本。我們有義務停止編造故事，找尋更多事實。這麼做才有助於穩固你的職業生涯和人際關係，而不是讓它們「拋錨」或「停擺」。

ANT是「自動負面思考」（Automatic Negative Thoughts）的首字母縮寫，認識它有助於處理我們腦海裡的故事。我們每天都會產生ANT，而且經常發生。我們愈有覺知，就愈容易擊潰ANT，進而將負面情緒轉成正面積極。請參考以下的例子，學習如何將此技巧深植你日常生活中的每一個起心動念裡。

ＡＮＴ：潔西沒有邀我出席她的會議，她不喜歡我。

反ＡＮＴ：我很高興不必參加那次會議，這星期我有太多事情要忙。我敢說，這次會議跟我的專業領域無關。

ＡＮＴ：他在我演講時翻了白眼。他覺得無聊？還是他不喜歡我？

反ＡＮＴ：我希望他沒事，他平常不會那樣做的，他心裡肯定有很多事情在煩惱。也許我應該找他聊聊，了解一下他的近況。

我們若想要成功，重要的是別讓這些想法害我們的溝通「拋錨」或「停擺」。在冒然預設立場之前，花點時間反覆思索。問自己一些關鍵問題、找出事情真相。心中牢記你的目標，別自行胡亂編劇。

錯誤11

招惹藏在細節裡的魔鬼

當心提防那些不注重細節的人。

——威廉．費瑟（William Feather），美國出版商和作家細節非常重要。「我」少寫一撇，或是「玉」少打一點，就變成完全不同的字。為什麼你會盯著某人襯衫上的微小污漬，而無法專心聽他說話？為什麼某人與你握手的方式讓你不舒服，導致你滿腦子只想著握手這件事，無法欣賞他在會議桌上的談判技巧？如果有人寫錯你的名字，你就開始想找出他的更多錯誤。誠如我們在本書裡一再強調的，我們透過自己的一舉一動在進行溝通。這些行為傳達出我們的個人品牌，建構出別人對我們的期望。這些期望來自我們日常行為的每一個細節。

雖然任何事情都要綜觀它的全貌，認清潛在的良機和威脅很重要，選擇大方向也極為關鍵，但這並不意味著你可以忽略細節。許多時候，就是這些細節決定一個人能否成功。

現身說法

最近我策劃了一場大型客戶活動，找了一家特定的外燴服務公司。當對方來提案時，居然寫錯我們公司的名字，讓我無法置信。當我跟對方提起這件事，他非但沒有道歉，還辯解是因為他們公司太忙才會造成失誤。我想聽到的只是一句道歉，而不是藉口。

——某對沖基金公司的活動部經理

化解策略

追蹤和跟進

- 記錄和追蹤雙方的對話，並將筆記存放在固定的位置。
- 你承諾過會跟進的事一定要做到。
- 利用手機或電腦設置提醒。
- 即使你還不知道對方的最終決定，仍要持續跟進。
- 未雨綢繆。每次溝通後，把可能的後果都預想清楚，找出跟進的原因，假如需要他人參與，請通知他們。此外，你還得時時留意最新的潛在風險。
- 如果你沒有理想的跟進系統，請安裝一個並開始使用；像ACT、Daylite、Salesforce.com、Outlook 等都是不錯的選擇。

● 謹慎周密地處理每一件你們討論過的事情。

手寫便條

● 確保你的留言沒有寫錯字，也要避免寫錯字再劃掉。

● 親手寫的便條不應該只是電子郵件的翻版。

● 用原子筆寫，而非鉛筆。

● 最好在活動結束三天內送出便條；假如你忘記了、超過三天才想起，仍然非寫不可，並在開頭時寫道：「我很抱歉，過了這麼久才寫信感謝你……」

● 當你剛認識某位新朋友、或是某個客戶給你一筆新訂單、還是某人幫你完成什麼事或得到什麼東西，請親手寫張字條給對方。

● 若某人遇到什麼值得慶賀的好事，例如升遷，寫張字條恭賀對方。

- 假如你想讓某人記住你，甚至只是單純打聲招呼，不妨寫張便條送過去。
- 如果你想要感謝某位同事，請寫字條告訴他。

現身說法

我曾經寫了張便條問候一位客戶，兩天後他來電說要討論某個案子，並考慮聘請我們來負責。這絕非巧合！

——自營建築公司的設計師

自我審視的關鍵問題

- 我是否定期花時間感謝我的合作夥伴？
- 我如何確保自己有檢視每一項工作環節？
- 當我答應對方會跟進時，我是否如實做到？我如何有條不紊地完成每日行程和待辦事項？

錯誤12

未給予和接受別人的中肯回饋

回饋是冠軍者的早餐。

——肯・布蘭查（Ken Blanchard），美國作家

「如果我對你太過嚴苛，我向你道歉。」

回饋對於追求成長的個人或團隊至關重要；它為給予者和接受者提供了成長的機會。提供回饋和尋求回饋應該要定期進行，但有時會遇到障礙，如果事先沒有用心規劃、或是接受回饋的人心態封閉，就可能發生衝突。儘管如此，若想提高表現、建立良好的人際關係，回饋是不可或缺的關鍵。

事實上，根據領導人培訓顧問公司「詹勒霍克曼」（Zenger Folkman）最近針對二萬二千七百一十九名領導人所做的一項研究調查裡（http://zengerfolkman.com/ the-best-gift-leaders-can-give-honest-feedback/），有百分之十被評為「未對直接部屬提供誠實的回饋」。在這百分之十的領導人當中，投入互動率（engagement rate）不超過百分之二十五。換句話說，沒有獲得誠實反饋的部屬顯得相當疏離。從這項調查我們可以明顯看出，這些員工並不忠於他們的雇主或工作。事實上，如果可能的話，他們會跳槽。相反地，前百分之十提供誠實回饋的領導者，他們的員工都十分投入工作；其中至少有百分之七十七的人全心做好自己的工作。

給予回饋

關於回饋，我們必須切記一點：光是做到提供回饋並不夠。不僅提供的資訊必須具體，還要列舉詳細的行為修正範例。許多人即使聽完回饋，還是不知道該如何改進自己的行為。因此，我們必須提供對方「如何做」的方向，方能幫助他們改善行為。

根據二〇〇九年蓋洛普針對一千位對象做的回饋調查，結果如下：

- 有十分之一的主管專挑員工的缺點。
- 接受主管負面回饋居多的員工，比那些鮮少或從未接受回饋的員工，工作投入程度還高出二十倍。
- 相較於主管專挑自己缺點的員工，從未接受主管回饋的員工主動離職的機率為兩倍高。
- 跟拒絕給予回饋的主管相比，專挑員工優點的主管擁有更多積極投入工作的員工，機率高達三十倍。
- 跟專挑員工缺點的主管相比，專挑員工優點的主管擁有積極投入員工的機率僅多出三分之一。

- 鮮少或完全不給回饋的主管，會導致四成的員工主動放棄工作。
- 鮮少或完全不給回饋的主管，有高達百分之九十八的員工無心投入工作。

誠如上述所說，對員工表現幾乎不給回饋意見的主管，比那些專給員工負面回饋的主管，情況還要糟糕兩倍。

化解策略

- 回饋必須具體，並且著重在可觀察到的行為上，像是「我注意到你幫史密斯先生辦理登記手續時……」，而非「當你幫客人辦理登記手續時……」

- 及時但不情緒化。在開口說出一長串回饋之前，請先留意自己的語調。
- 回饋必須是可衡量、而且可以做到的。不要只是說「我覺得你可以更努力嘗試」，而要說「在跟客戶見面時，保持微笑並且要有目光交流」。
- 先從對方的優點談起，接下來才談需要改進的地方。
- 如果你身為主管，而且你的回饋跟員工表現有關，內容應該不至於讓對方感到意外。回饋要趁早，而且要經常進行。
- 要求接受回饋者對問題負起責任，並做出改善的承諾。
- 確保對方知道，儘管你不贊同他的某些行為，但你還是支持他這個人。
- 批評行為，而不是批評個人。
- 使用清楚易懂的大白話，而非行話或拐彎抹角的話語。
- 傾聽對方的評語時，不要以憤怒或防禦心做出情緒化反應。

- 整理回饋重點，並列出後續步驟。
- 避免使用「每次都」和「從來不」這類極端字眼。
- 不要拿對方跟同儕做比較；專注在談論你對此人表現的期望。
- 不要因為提供回饋而跟對方道歉。

以下是關於何時（或何時不要）給予回饋的一些建議。

何時應該給予回饋

- 當員工未達成目標，並且不知道問題就出在他身上時。
- 當員工未達到你曾明確表達的要求和期望時。
- 從其他同儕得知，員工發生某些可能會危害他職業生涯的事情時。
- 當員工的表現確實出問題，而不只是因為看他不順眼。

- 當員工做出會危及他們職業生涯的行為時。

何時不應給予回饋

- 當你只是出於自我私欲、而不是希望員工更加成功時。
- 當你的回饋與公司目標背道而馳或無直接關連時。
- 當你情緒激動時（例如：生氣）。
- 當員工按時達成所有目標，而且工作品質也達標時。

現身說法

在某場會議中，我的老闆在大家面前徹底否決我所說的話。而且，他也沒有提到我對他這次簡報所做的貢獻，反而把功勞全都往他自己身上攬。會議結束後，他來尋求回饋。我盡可能不讓他感到不舒服，但我還是告訴他，說他那樣做會影響到團隊。我說得清楚明白，並且把焦點放在特定行為上，而不是在他個人身上。我表示：「在開會時，我沒有聽到你對我的貢獻做出任何讚許。當我發表意見時，你卻說換做是你就不會那樣處理，這讓我感覺你好像在否定我的能力。我的目標是為這支團隊帶來最理想的結果，彼此間維持良好的關係。你的目標是什麼呢？」所幸，我的老闆虛心接納回饋，我倆之間的合作關係也變得更加穩固。

——某家居設計公司的客服人員

事先規劃回饋該怎麼說

以下問題將有助你在提供回饋前做好準備。

- 接受回饋者的溝通風格是什麼？
- 要怎麼做才能讓對方聽進你所說的話？
- 你想談論哪三個重點？（如果你要談的重點太多，反而容易失去焦點。）
- 如果對方改變行為，對他有什麼好處？他的行為會導致什麼具體問題？
- 如果對方不改變行為，對他個人和公司會衍生什麼風險？
- 在你提供回饋時，你預期對方會提出什麼樣的問題？
- 在回饋的會談裡，你打算提出怎麼樣的解決方案和時間表？
- 你打算如何衡量對方的行為改變？

自我審視的關鍵問題

- 我從別人過去給我的回饋裡學到些什麼？
- 我會如何規劃下次的回饋面談？
- 以後我會如何接納回饋的意見？我能從這次回饋裡學到什麼？

接受回饋

接受回饋不能總是處於被動。根據前面提到的研究，一個人不能只靠同儕或主管定期給予回饋。關鍵在你自己，你若想要在職業生涯成長，就要主動尋求回饋。如果你不清楚自己的工作表現有多好——或是有多糟，你就無法成長和進步。

事實證明，直白真誠的回饋與領導效能是緊密相關的。本章一開頭提到的詹勒霍克曼研究也證實了這兩者之間的關聯性。在五萬一千八百九十六名領導者裡，最少尋求回饋的那百分之十領導人，在整體領導效能上，獲評第十五個百分位數（percentile）。相較之下，最常尋求回饋的那百分之十領導人，在領導效能方面則獲評第八十六個百分位數。該研究最後總結出，給予和接受回饋都是高效領導人必備的技能。為這類領導人工作、同時對整體回饋抱持開放態度的部屬，比較投入工作且忠誠度更高。

接受回饋的四個步驟

- 索求：定期跟你的主管約時間見面。每次專案或活動結束後，索求回饋，看你有哪些地方需要改進。

- 深究：當對方給你回饋時，至少再深入追問三個問題，具體了解對方確切的意思。
- 後續步驟：指的是在聽取完建議後，你該如何付諸實施。詢問對方，你接下來要採取什麼樣的解決方案或行動、該進行哪些後續步驟，方能幫助你改善現況。接著擬定改善計畫。
- 跟進：與對方約定下次面談的時間，確保他們看見你有進步，並且提出其他需要改進的地方。

化解策略

- 收到任何回饋都是你學習的良機。

- 回饋遍布在你的周遭，你每天隨時隨地都可接收到回饋。
- 當你獲得某個專案機會或受邀參加「僅限受邀人士出席」的會議時，你就等於接收到正面回饋了。
- 當你沒有獲得某個專案機會或未受邀參加會議時，你也是在接受回饋。
- 留意對方給予你回饋的可能意圖，但不要過度解讀。
- 如果你從某個風評不佳的人口中聽見回饋，請持保留態度，並評估其真實性。如果你持續聽到其他人對你說相同的評語，就證實那則回饋不虛。

接受回饋時，哪些事不該做：

- 避免情緒化，像是大哭、生氣或是升起防禦心。
- 讓肢體語言保持開放狀態。不要交叉手臂、發出負面聲音或是搖頭表示反對。

- 不要說出任何會讓你日後後悔的話。
- 不要企圖找藉口，或把責任推給別人。
- 不要對同事說關於給予回饋者的壞話。
- 不要完全漠視回饋。

自我審視的關鍵問題

- 對於上個月你所接受到的回饋，你做了什麼樣的回應？
- 你是否根據最近別人給你的回饋，制定出一套改善的行動計畫？
- 你是否跟提供回饋的人保持聯繫，詢問他們是否注意到你的改變？

現身說法

通常我都會傾聽別人給我的回饋，並努力保持心胸開放。我一般不會問太多問題，也不會說太多話，因為我不想讓對方認為我在防禦辯解。然而，過去一直令我感到困擾的是，我明明覺得自己已經樂於接受回饋，也做了經理叫我改進的事情，但結果似乎從來不符他的預期。

自從實施「形象力學」教我的四步驟流程後，整個情形發生了變化。我意識到，只要我保有「學習的開放心態」，那麼提問和深究就不算是防禦。於是在經理給予回饋時，我開始認真深入追問，引導他說出幫助我改善的具體看法。像我之前從未問過他，該如何改善某個特定行為，現在當我開始這麼問以後，結果變得完全不一樣。他的回饋成了一場貨真價實的指導會議，我主動與他定期評估自己的工作方式。在過去，我總是被動等到績效考評時才聽取回饋。如今，我覺得自己處於不斷成長的模式。這改變著實令人吃驚，現在，經理已經變成我的導師，也是最支持我的人；他甚至開始跟我談升遷的事。

自從我主動並積極索求回饋，不再只是單方面接受，我的職業生涯也跟著改變了。

——某ＩＴ外包服務公司的客戶經理

錯誤13

未順應不同個性調整溝通方式

何謂神經病？就是一而再、再而三做相同的事情，卻期待出現不同的結果。

——愛因斯坦

「爲什麼我們每次一定要溝通？
你們不能直接聽我的就好嗎？」

在今日的商業環境裡，假如我們無法辨識、進而順應不同的溝通風格，就會錯過與他人改善關係的機會。面對別人不同的做事方法、做事時間表和講話方式，我們往往只是一昧地感到無奈。然而，為了高效溝通，我們必須接受一件事實：每個人處理事情的速度和方式都截然不同。

我們不妨先探索一下，平常會看到哪些典型的行為。其實，我們每個人都有與生俱來的溝通傾向，但可以依據情況和環境而做改變。你是否同意，有些人習慣主導談話，有些人則習慣坐在台下聆聽？有些人想要知道所有鉅細靡遺的細節，有些人腦中卻只想著誰會參與活動、不希望遺漏掉哪一個人？有些人希望主導活動，有些人則想要退居二線，因為他們自認無法全盤掌握？有些人就像變色龍，我們不確定他們偏好的溝通風格，因為他們往往深具彈性。

坊間有許多評估工具可以用來分析我們的個性、風格，提供洞見讓我們認清自己是誰，了解自己如何處理日常情況、以及如何與別人打交道；關鍵在於我們要有足夠的自我覺知。倘若我們不夠自覺，更別談去順應別人的風格了。前提是先要有自我覺知，然後再來弄清楚別人的溝通偏好，進而順應對方做調整。

現身說法

在我職業生涯裡學到的一個最大教訓就是，在溝通時要懂得變通，順應對方的溝通風格和個性做調整。有些人可能會問：「為什麼非要我改變風格，明明他才是那個難以溝通的人！」的確，這是個令人難以接受的概念，除非你有足夠的專業成熟度。然而，在我學會掌握這項技巧後，它為我的職業生涯帶來許多無與倫比的好處。此外，我相信，一名優秀的領導者有責任懂得隨時靈活善用這部分的肌肉。

在我整個職業生涯裡，我已經證實這項順應個性調整的技巧能夠帶來以下各種回報：

- 贏得其他人的支持與忠誠，特別是當我們處於逆境時。

- 就算沒有權勢，還是深具影響力。
- 有辦法說服比你更資深的人贊同你的想法。
- 創造一個舒適、充滿信賴的環境，讓對方得以安心分享看法與信息。
- 藉由提供團隊成員理想的發展機會，讓他們更容易接納新的知識和技能，進而提高團隊的績效。

關鍵在於保有真實自我。換言之，順應他人並不意味著要你失去自我。它意味著增強你的真實自我，讓你可以更容易、更快速與人產生連結。深入覺察你與生俱來的溝通風格和人際關係優勢，然後在你不足的地方，持續認真投入、努力改進。畢竟，倘若我們無法順利與他人合作，我們又能獨自走多遠？

——行動運動用品（Action Sports）的組織發展副理艾倫．布里克（Erin Bric），專責Vans、Reef、Eagle Creek等品牌

以下提供你們幾個範例作為借鏡去覺察自己、辨識他人、進而順應個性調整。請記住，你可能會在他們每個人身上看到一小部分的自己，也可能發現你自己跟其中幾位特別相似。

喬：說重點、別廢話

我們來談談喬這個人吧！喬是一個做事求好心切的人。他說話直來

直往，不拐彎抹角，總是想聽重點。他不喜歡閒聊，除非是他主動找你聊天。他在意的是盡快完成任務，然而，他似乎有拖延的習慣，因為他手邊有太多事情要忙，經常趕在最後一刻才把事情做好。他的桌面相當零亂，因為他總是必須同時處理多項事務。當被人問到東西在哪裡時，他總是回說知道，或至少讓別人以為他知道。喬很直率，遇到衝突不會退縮。

有時候他讓人覺得好像不太關心別人的感受，因為他的焦點總是在工作上、而不在人的身上。有些人甚至說，喬只在乎他自己。他太有自信了，有時反而讓人害怕。無論什麼事，喬都要掌控。但從另一個角度來看，跟他一起工作很有趣，因為他充滿能量；而且喜歡冒險。喬是團隊的資產，因為他是一個有遠見、而且會把事情做好的人。

你要怎麼跟喬相處呢？以下是一些理想的做法：

- 專注在重點上。
- 快速進入正題。
- 除非他提出要求，否則無須提供所有的細節；即使他提出要求，你也要力求簡明扼要。
- 每次都提供他執行摘要，並附上相關的佐證資料。
- 公開讚許他對某專案付出的辛勞。
- 當你需要他幫忙時，直接跟他約時間，不需要問他何時有空，因為他從來不會有空——他一直都在忙。
- 當他說話時，專心聆聽，並且點頭讓他知道你有在聽。

要謹慎的地方：

雖然喬不見得總是只在乎工作，但當他正忙於某個專案、或是遇到截止期限要趕工時，他肯定更加在意最終結果。當他不忙的時候，態度似乎比較沒那麼無禮。認清喬有這樣的特質，你就會比較釋懷。換句話說，你要先知道他處在什麼狀態、正在忙些什麼，才能弄清楚你要如何因應他做調整。

莎莉：一切都跟人有關

莎莉和喬一起共事。莎莉超級喜歡社交，個性熱情、充滿活力。她總愛知道每個人發生什麼事，大小事情都不放過，而且什麼活動都希望能參一腳。事實上，如果有什麼活動沒找她參加，她似乎會不開心。莎莉一大早就會到辦公室，確保大家見得到她，而且有更多時間可以跟朋友聊天。她個性衝動，有新的工作找她做，她一概接受，因為她討厭拒絶別人。然而，能不能完成工作是另一回事，因為她接了太多事情導致分身乏術。她腦中有很多的點子，特別是工作當中跟人有關或是好玩的部分。對她來説，千篇一律的工作似乎既單調又乏味。

莎莉每天早上是第一個跟大家道早安的人，而且每次碰到人都會打招呼。她經常打電話或寄電子郵件給別人，因為但凡一有疑問，她總是想馬上知道答案。不巧的是，她習慣把筆記本放在家裡。莎莉有時會惹上不必要的麻煩，因為她喜歡聊八卦。如果有人對她生氣，她會非常沮喪，因為她希望每個人都喜歡她。由於莎莉良好的社交能力，致使她同樣身為團隊的資產。

你要怎麼跟莎莉相處呢？以下是一些理想的做法：

- 花時間多跟莎莉聊她的私事。譬如説，閒聊時你可以關心她週末過得如何。

- 隨時讓莎莉知道最新的資訊，開會要邀請她參加。
- 徵詢她的看法。
- 鼓勵她發表意見。
- 表現出對她的工作感到興趣。
- 不要只透過電子郵件跟她聯繫；盡可能多花時間見面談或是通電話。
- 鼓勵她投入新的專案。

要謹慎的地方：

莎莉也會有不太想聊天的時候。偶爾她忙起來可能會像喬一樣，變得十分安靜，專心傾聽大家發表意見。有時候，你無法確定莎莉處在哪一種模式，所以要格外留意。要知道，她所處的狀態可能隨時間點不同而改變，也可能因辦公室當下發生的狀況而改變。

傑夫：沉著穩重

傑夫是這群人當中的和平守護者。他一點都不喜歡破壞原有的現狀，但遇上萬不得已的情況，他還是會妥協。傑夫總是擔心有些事情會對團隊造成影響；他喜歡在深思熟慮後做出決定，並仔細檢視每項決定可能帶來的種種風險。傑夫喜歡花時間沉思、整理自己的想法。辦公室裡的其他人都知道，一旦他們需要找人傾訴時，傑夫會是最理想的聽眾。他總是耐著性子聽他們講話，只是傾聽，不發表任何意見。大多時候，傑夫非常樂於助人。不過，當他手邊有太多事情要忙，擔心自己無法在指定時間內完成工作時，難免變得有些心浮氣躁。傑夫做事有條不紊，秉持一貫的原則。他絕對是最關心團隊能否順利運作的人，並且盡可能確保照顧到每一位成員。

你要怎麼跟傑夫相處呢？以下是一些理想的做法：

- 有事找傑夫商量，盡量事先跟他約好時間、而不是唐突地打斷他眼前的工作。
- 尊重他做決定時的謹慎態度。在做出決定之前，他通常需要時間審慎思考。
- 與他協同做出決定。
- 設定雙方達成共識的期限。
- 對他的私人生活真心表現出興趣。
- 理解他重視團隊合作的心情。他不喜歡在沒有團隊成員協同、一起權衡所有選項的情況下，獨自做出決定。

• 當他幫你做了什麼，一定要向他表達誠摯的謝意。
• 針對某件事情的看法，你可能必須問他好幾次，因為破壞現狀不是他的優先選項。
• 傑夫不會「脫稿演出」，或是出於衝動而做某件事。他喜歡中規中矩的模式，並且願意花時間確保所有前置作業都安排妥當，再正式投入某件事。

要謹慎的地方：

傑夫似乎總是有條不紊。有時候，他過於重視細節，導致忽略掉其他的事情。有時候，他比別人更善於做出決定。由於他希望大家協同合作，因此讓別人感到厭煩。傑夫有時候看似非常在意別人對他的看法，但有時候又顯得絲毫不在意，只關注別人有沒有「做正確的事情」。

雪洛爾：細節至上

雪洛爾在會計部門工作，她十分重視事實、品質、準確度以及細節。雪洛爾沒有太多時間跟同事閒聊私事；況且她非常重視個人隱私。每天早上一到辦公室，她便立即投身工作，沒空、也沒興趣跟別人閒聊。雪洛爾努力把事情做好，以確保良好的工作品質，因此當她受到批評或是質疑時，她就會不高興。然而，當她覺得某人沒有做好工作時，反而不假思索很快做出批判。當別人交出一份草率的報告要她閱讀時，雪洛爾覺得這等於在浪費她的時間。她一再要求同事要把細節交代清楚，方便她做出更加全面的分析。雪洛爾主要以任務為導向，辦事十分穩當。她實在不善於跟看起來充滿活力或熱情的人一起工作；她更偏愛與事實為伍，就事論事。

你要怎麼跟雪洛爾相處呢？以下是一些理想的做法：

- 專注在事實上。
- 除非你跟她私交很好，否則不要涉及私人問題。即便如此，她可能也沒多大興趣聊這些事情。
- 給她足夠的時間做出決定，別指望她馬上提出解決辦法。
- 在提出批評或建議時要具體；要知道，她不會喜歡你說的這些話，因為在追求完美的她聽來相當刺耳。一旦她覺得某些事情做得不夠完美，她會無比沮喪。
- 事先準備好充足詳盡的資料，隨時做為概覽或摘要報告的補充。
- 讓她有機會展現專業知識。

要謹慎的地方：

雖說雪洛爾非常看重細節，但有些時候她也會像喬一樣，只想要聽重點。最好的做法就是先說重點，但一定要事先準備好細節資料。即使她當下不需要，她還是會希望把所有資料存檔，方便她隨時取用。

情境分析

喬、莎莉、傑夫和雪洛爾一同搭車去參加三小時車程外的一場會議。喬負責開車，莎莉坐在副駕駛座。雪洛爾不時從喬的後方盯著儀表板看，不安地提醒喬開得太快，已經超出速限。喬覺得很煩，不滿雪洛爾唸個不停。傑夫則是有點餓了，便拿出貼著胡蘿蔔字樣的袋子，分享給其他成員——他為每個人準備了充足的食物。莎莉帶了巧克力和薯片；雪洛爾則準備了一只保冷箱，裡頭裝滿了水和三明治。喬因為遲到，所以沒有準備點心。

當雪洛爾吃三明治的時候，她看著莎莉，再次批評喬的超速問題。莎莉只是微笑望著她，她不知道該對喬說些什麼。喬聽了之後對其他人說：「別再擔心我的車速了！重點就是，讓我好好開車吧！」接著繼續他們的行程。

從這段車程裡，你能看出他們每個人流露的溝通風格是否跟前面所述相符？你是怎麼看出來的？

化解策略

- 弄清楚你自己偏好的溝通模式；自我覺察是所有一切的關鍵。
- 了解對方是說話者還是傾聽者，並做出相應調整。如果對方是說話者，就讓他們盡情說話！如果對方是傾聽者，請用提問方式引導他們多說一些。

- 留意自己別說得太多。
- 弄清楚對方是以工作、還是以人為導向，並試著順應調整。
- 如果對方喜歡談論私人事情，先對他們的私事表現出興趣，然後漸漸把話題轉移到你要談的公事上。
- 要知道，多數人都不是故意要惹惱別人，他們只是做著平日習以為常的事情。

現身說法

我有一個客戶，他對周遭的人非常唐突無禮。當別人不按照他的行程安排做事，他就會發火。當他需要有人去做某件事、但他的團隊成員卻無人採取行動時，他尤其火大。同屬管理階層的一位同儕與他的風格很像，他對這位同儕超級不滿，因為他無法接受這位同儕跟他的團隊成員說話的方式。這在我們旁人眼中看來其實很有趣，因為他沒察覺到自己對團隊成員也做了相同的事。有人曾告訴他，他的態度很衝，但他堅稱是因為別人的能力太差；完全沒有一丁點的自我覺知。可悲的是，其他人都不喜歡跟他共事，或在他底下工作，他本身卻沒有認知到這一點，也不願意敞開心胸聽取回饋。

——形象力學創辦人基姆·佐勒

自我審視的關鍵問題

- 我是否順應別人的溝通風格做調整，還是只是用我習以為常的方式進行溝通？
- 我是否注意到，我跟某些人能輕易建立良好關係，但跟某些人卻很難建立關係？
- 我能否看出與我共事的每個人所偏好的溝通方式，並且開始順應他們的風格做出調整？

錯誤14

過度情緒化

我的行為是我的情緒反應；我的情緒反應是我的行為。

——佚名

承認吧！我們每個人偶爾都會生氣，或是情緒過於激動。這種情況通常看別人好像常發生，看自己反倒認為頻率很低。你是否曾經對某件事做出情緒化的反應，但事後懊悔，希望自己當時能以不同的方式處理？你或許知道自己一再重複類似的情緒反應，而且每次事後都衍生同樣的懊惱、傷害、沮喪或鄙視自我的感覺。你想要改變你的反應，但不知道該從何著手。你清楚知道這會危害到雙方的溝通結果，以及整體的效率；這種狀況我們稱它為「鑽進老鼠洞」（going down the rat hole）。所謂「鑽進老鼠洞」，是指我們任由事情以負面形式觸發我們，導致我們產生負面的內在或外在情緒反應。

此時，你得暫停一下，想想你腦袋裡發生了什麼事。我們之所以出現情緒反應，是因為我們根據過往的經驗和假設，先入為主推測對方有某些意圖。

發生了某件事：
它就是導火線。

我們立刻過濾並
做出反應。

糟糕的回應：大吼大叫、挖苦諷刺、做出不當的行徑。或者當下沉默不語，使用冷暴力，之後再報復對方。

令部屬或同事不開心，生產力下降，專業形象和影響力受損。

理想的回應：深呼吸、保持冷靜、思索自己的溝通目標、做出適當的行爲、維持專注力、拋開成見。

你的專業形象獲得強化，影響力增強。

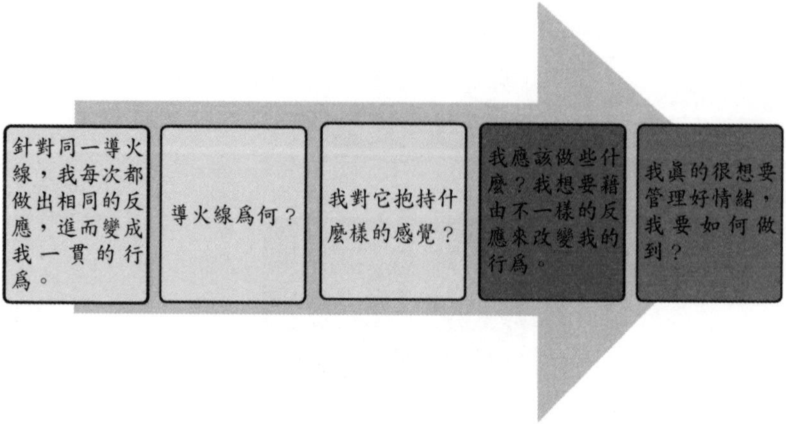

某件事發生，進而觸發你的情緒反應後，你可能會想：「真希望我沒有說……」或「要是我能用不同的方式處理……就好，現在我感到非常生氣、尷尬、沮喪，並且深陷在泥沼裡。」

我們為什麼明知道事後會後悔，還持續用相同的方式做出反應呢？我們雖然無法阻止觸發情緒反應的事件發生，但我們可以覺察到它正在發生，並且審視自己的行為和反應。我們每個人的腦海裡隨時隨地都帶著各種先入為主的想法或故事，以為事情就「應該」如何發展，認定別人對我們有怎樣的期許，並且自認為我們需要向別人展現何種樣貌。

這一切都與我們的情商有著密切關連。要知道，情商指的是我們如何學習管理自己的情緒，以及如何回應他人的情緒。根據丹尼爾·高曼（Daniel Goleman）的研究，他發現「好的領導者」與「優秀的領導者」之間的差異，有百分之八十五跟情商有關。

此外，從對方的角度、情境和職位去設想所有可能的結果是非常重要的，這將有助於你的溝通。你要做的是傾聽和學習，而不是立即回應或爆發情緒反應。舉例來說，哈利正在和雷金納講話，他說：「我們不會把錢花在這次的活動上，我們會把錢花在更好的事情上。」

雷金納一聽心情馬上變糟，認為哈利的決定是針對他個人。然後他暫停一會兒，深呼吸之後才說：「哈利，你可以把你的決定說得更詳盡一些嗎?什麼事情才符合你所謂的『更好』?」

你得放慢速度，並意識到這是一個導火線，接著以達成溝通目標為前提，與對方建立良好的關係，做出最佳的反應。

現身說法

鮑伯覺得，每次到了必須在執行會議裡做簡報時，他都想要展現自己的聰明才智，並讓大家知道他對議題做足了功課。這樣的心態反而觸發他在會議中說個不停，卻始終沒講到重點。更糟的是，他公司的高階主管開始認為他沒有綜觀全局的目光；然而，鮑伯其實只是想要展現他對所有細節都已經充分理解。

在鮑伯覺察到這條導火線，並且意識到他沒有必要證明自己的聰明才智後，他就開始改變對管理團隊的簡報方式。鮑伯從此放下他腦海裡的「故事」，結果，他公司的高階主管現在都認為他是最有能力的員工，每次都能「正中靶心」。

——形象力學副總裁哈莉特．威廷

化解策略

- 當你發現自己「鑽進老鼠洞」、卻於事無補時，立刻停下來。
- 寫下你的導火線：亦即那些在你周遭發生，會觸發你做出負面反應的事情。
- 把這些導火線記在腦海裡，一旦再次出現，立刻有所警覺。

- 在導火線發生前做好準備，並了解到它們就是無可避免地會發生。
- 提前擬定目標，不讓自己受到觸發。認清哪些人會觸發你的情緒反應，從你和他們過去的往來經驗或類似的情況裡，你學到了什麼？
- 你一旦遭到觸發，就立刻停下來，做個深呼吸，並思索要如何反應。
- 意識到你腦海中編造的「故事」可能不是事實。
- 開始留意你的反應會如何觸發別人，並且學著改變這些反應。
- 留意你的某些行為有可能會觸發你的同事。譬如說，還未先寒暄問候，就直接切入正題，這麼做有可能惹惱那些重視社交禮儀的同事。
- 如果不知道如何改變自己的行為，或許可以向企業教練尋求協助。

自我審視的關鍵問題

- 當我發現自己做出負面情緒反應時，是否能立即停下來，並且清楚覺察我當下的感受和行為？
- 是什麼事情觸發了我的情緒反應？我要怎麼做才能改變自己往後的反應模式？
- 我需要尋求什麼樣的協助，方能具體改變我的行為？

錯誤15

說錯、做錯卻沒有採取補救措施

經驗，只不過是我們為自己的錯誤所取的名字。

——奥斯卡．王爾德（Oscar Wilde），愛爾蘭作家、詩人、劇作家本章涵蓋所有我們盡量要避免的話題。有些話一說出口，若是沒有馬上做妥善的彌補，為自己惹上麻煩不說，還可能危害我們的人際關係和聲譽。

你有沒有曾經話才剛說出口就希望立刻收回？舉一個頗為常見的例子，上週我跟一位客戶見面，我認為她肯定是懷孕了。於是，我不但問她預產期是什麼時候，還把手放在她的肚子上。當她說她沒懷孕只是該減肥的時候，我尷尬到想挖個地洞鑽進去。

下面列出的這些問題需要格外留意；在你沒有百分之百的把握、沒有慎思熟慮之前，或是跟對方還沒有熟稔到某個程度之前，千萬別隨便提問，免得讓你惹上麻煩：

- 「你幾歲？」
- 「你的宗教信仰是什麼？你上教堂嗎？」

- 「你有女朋友／男朋友嗎？」
- 「你有小孩嗎？」
- 「你為什麼不喝酒？」
- 「出了什麼狀況嗎？你們為什麼要離婚？」
- 「你的預產期是什麼時候？」
- 「至少你爸爸活到九十歲才過世，已經算是高壽了。」

如果你說了什麼讓你後悔的話，不妨利用以下三步驟來補救：

一、向對方道歉。

二、請求對方原諒你先前的不恰當言論。

三、從你的錯誤中記取教訓，避免重蹈覆轍。

另外，有些行為可能會對你的自我品牌產生負面影響。以下列舉一些學員實際發生過的案例作為提醒，或許能幫助你免於痲煩。

開車

超車時小心不要硬切到別人車子前面，或是使用不禮貌的肢體語言。誰知道，搞不好你隔壁車道的駕駛就是你等下開會的對象。在公司停車場內或是客戶公司所在附近，特別要遵守交通規則。

排隊等候

不要插隊；也別在排隊過程中說出你事後會後悔的話。被你插隊的人，或是聽見你罵粗話的人，說不定就是你應徵工作時的面試官、公司的新同事、或者新來的副總裁。這適用於所有排隊的場合，從便利商店到別人公司大廳的接待櫃檯都要留心。

旅行

你永遠不知道你會在哪裡碰到誰，也不會知道眼前的陌生人是何許人物。隨時隨地保持最佳狀態，對你只有好處、沒有壞處。不要對空服員或飛機上其他乘客做出難聽的批評。

不要急躁，以免讓人覺得你很沒禮貌。同一架飛機上的每個人都會在同一時間飛抵同一個地點，你再急也不可能比他們更快到達目的地。

此外，如果你發現某人可能需要協助——例如將隨身袋子放進頭上行李艙內，不妨詢問對方是否需要幫忙。

交際聯誼

你去參加社交場合不是為了吃東西填飽肚子；嘴巴塞滿食物還開口講話，行為不是很得體。看到你嘴裡塞滿食物，原本想與你攀談的人，也可能跳過你。

與別人談話時，保持正面積極；沒有人喜歡和負面的人在一塊。

廁所

如廁後記得洗手。如果你上完廁所沒有洗手，旁邊的人看到後，就可能會跟他們的朋友或同事八卦這件事。

餐廳和商店

對服務生和店員要和顏悅色。對服務自己的人頤指氣使，旁人會對你的品性打折扣。我們或許會認為，當對方的服務不如我們預期時，我們有立場可以訓斥他們。然而，這樣的粗魯行徑只是徒增旁人對我們的不良觀感。

基姆和凱芮為你解答棘手問題

問：當我休假一天偷閒，老闆卻不斷發簡訊給我，我該怎麼處理？

答：首先，在休假之前就先表明你將不會處理公事；這麼做是在設定界線。如果休假前你不先說清楚，或是不好意思表明，那麼放假當天收到老闆訊息，你就不得不處理了。然而，這並不意味你此時就無法設定界線。你可以讓你的老闆知道你已收到訊息，只是手機不會一直帶在身邊，無法處理後續狀況——拿休假當作最好的藉口，表明你會在回到辦公室後盡快處理所有事情。假如每來一則訊息，你都乖乖回覆，那麼公司就會不停地傳訊息轟炸你。

例外情況：如果真的有緊急事件非立即處理不可，你還是必須起身忙你該做的事。

問：假如我想要改變現有的自我形象怎麼辦？這麼做會不會有問題？

答：好消息是，你可以改變你個人的品牌形象，就像零售產品改換包裝一樣。這時，你必須針對自己的品牌進行落差分析。首先，找出你傳達的是什麼樣的訊息、別人又是如何看待你這個人。然後，描繪出你真心想要呈現的品牌形象。在這過程中，你必須確認自己清楚知道哪些具體行為足以代表你想要的品牌形象。你可以諮詢你的良師益友或是參考你所推崇的榜樣，以獲取充分資訊。

接下來，你必須開始每天如實傳達你的品牌形象。切記，你沒有回頭路可走。因為只要你恢復舊有的行為模式，旁人就會想說：「哦，他又故態復萌了。」

一旦你開始活出全新的品牌形象，要讓大家知道你是真心想要改變，讓他們知道你意識到自己的舊行為並不妥當。在此要鄭重提醒一點，假如你很快就重拾舊習慣，那麼先前的努力都將白費。

問：如果我在寄出電子郵件後，才驚覺寫錯字，該怎麼辦？

答：一旦你發現這樣的狀況，請馬上重新發送一封更正過的電子郵件，並且坦白道歉。

問：由我轉寄電子郵件給老闆，向他展現我做得很棒，這樣是否恰當？

答：這麼做是可以的，但只能偶一為之。當你的工作表現優異或是出類拔萃，你當然可以讚許自己。不過，經常向上司自吹自擂工作做得多棒則是不恰當的。在優秀的工作表現和原本就該達到的工作期望值之間，存在著一條分界線。

此外，還有一個關鍵點要記住：由別人表揚你很厲害，比起你讚許自己優秀，向來都更加有效、對你更有幫助。切記，該謙卑的時候就要謙卑。

問：我應該在臉書上接受客戶加我為「好友」嗎？

答：一般說來，公私要分明，私生活就該歸私生活。話雖如此，還是可以有例外。當你跟對方已經建立友誼關係，不接受朋友邀請反而說不過去。唯一要記住的是，不管跟客戶是不是朋友關係，你發布的貼文始終代表了你賦予他人的觀感。

錯誤 16

未能透過溝通傳達價值

品牌是一項活資產——隨著時間推移而逐漸豐富或崩壞，它是上千個微小動作集結而成的產物。

——麥可・艾斯納（Michael Eisner），前迪士尼執行長

何謂價值？一樣東西要如何變得有價值呢？藉由投資你的個人品牌，以及展現與它匹配的行為，你就在傳達價值。

本書裡提到的所有內容都能為你創造價值。每一件事，以及每一個人都有其內在價值。你必須傳達你的價值，讓別人看到你是有價值的個體。只要你用心經營人際關係、了解所有溝通風格的最佳做法，你就能夠隨著時間推進建立你的價值。

以下是你可以建立價值的方式：

- 當你幫助別人實現目標。
- 當你花心思幫助別人成長。
- 當你花時間了解別人、他們的公司、他們的目標、以及他們的需求和渴望。
- 當你凡事都注重細節。
- 當你刻意記住別人花時間分享的細節。
- 當你比平常加倍努力。
- 當你遇到難題，依然持續不懈。
- 當你做到承諾別人要去做的事情。

- 當你用心維繫客戶關係，並且用心投入工作。
- 當你及時回覆對方的訊息。
- 當你專注傾聽。
- 當你不是一昧想表現自己或推銷自家產品，而是想要多了解對方。
- 當你花時間拿起電話或親自拜訪某人，而不光是寄送電子郵件。
- 當你送上親手寫的字條。
- 當你不傲慢、也不自以為萬事通。
- 當你虛心學習。
- 當你花心思去想要說的話，以及該怎麼說。
- 當你真心在乎別人。

每個人都有自己獨特的溝通方式，而且每個人習以為常的溝通風格都各有優點和改進的空間。為了達到溝通的目標，這一路走來，我們學到了一些技巧，有些效果很好，有些則可能成效不彰。良好的溝通非常重要，但它卻一直是很多專業人士的一大煩惱。

畢竟，每次溝通都要能達標並非易事。就像人生中的其他事物一樣，有些溝通能幫助我們建立個人品牌，有些則會戕害我們的形象。問題是：你願意為了人際溝通付出多少努力，讓它幫助你建立穩固且正向的人際關係？你是否願意放下身段，承認自己的溝通方式有待改進？你是否願意投入時間改變已經習以為常的行為？

想要以專業立場進行溝通，你是有選擇的。只要預先花時間思考如何訴說一件事，以及如何管理自己的情緒，那麼你達到預期結果的機率就會提高。我們很鼓勵你這麼做。如此一來，日後你才不會再讓別人有機會質問：「你到底在說什麼呀？」

持續成功的行動計畫

任何想法再好，若未付諸實行，都只是空想。我們發現，儘管我們合作過的專業人士大多非常出色，對於公司的重大業務運籌帷幄輕鬆駕馭，但他們卻不擅長處理溝通的細節。換言之，他們不知道如何將這樣一本書轉化為行動。

在此，我們提供了具體的行動方案供你持續實踐：

一、寫下一到三個你目前想要達成的具體溝通目標。例如，與某位同事建立更穩固的關係、更有效的電話行銷、透過他人給你的回饋而獲得升遷、或是開會時不再發表不適當的言論。

二、寫下與你具體目標相關的重要關係人物，了解他們對你的期許以及溝通時他們在意的地雷。

三、準備三支螢光筆，重新回顧每一章並標示出重點。第一種顏色標示出你應該「開始」做的事情，它們關係到你的職涯前途。第二種顏色標示出你需要「繼續」做的事情，但不見得需要長期進行。第三種顏色標示出你必須「停止」做的事情，它們會阻礙、甚至終止你的職涯發展。

四、心中想著你的溝通目標，並從每一章三種螢光筆的重點中，各挑選三個重點，進而草擬一套改變你行為的行動計畫。

五、每週閱讀一次各章的重點整理（參見第二五九頁）。你要如何衡量自己的進展？制定一組成效評量指標，並且按月追蹤；必要的話可以調整。

請參考以下的範例，學習如何擬定具體的行動方案，以順利達成你的目標。

一、目標：

我的目標是學習團隊其他成員的溝通方式，以便更有效地與他們溝通。

二、**關係人物以及他們的溝通地雷：**

麥可：希望直接了當並且說重點。

史里尼瓦：喜歡先閒聊個幾分鐘，然後再談重點。非常不喜歡過於繁瑣的細節。

李：想要知道細節以及哪些人會參與。想要掌握某些事情對於團隊、其他主要參與者或相關人士會造成什麼影響。不喜歡驚喜。

艾力克斯：想要知道所有細節，一點都不容遺漏。如果事情拖到最後一刻才找他處理，並且十萬火急要他趕著完工，他會非常火大。

莎拉：她很難理解。有時很愛閒聊，有時卻不太在乎旁人發生什麼事。

她明明說想要掌握所有細節，但等你把所有細節交到她手上，她又會分心，並且在談話過程裡拿出手機。

三和四、畫重點並且撰寫行動計畫：

開始：在我寄出每封電子郵件之前，反覆重讀內容並考慮收件人的溝通偏好。若是寫給史里尼瓦，我會多跟他閒聊；若是寫給麥可，我會直接了當，省略問他週末過得如何……

持續：留意每個人溝通方式的細微差別。

停止：按照我個人喜歡的方式去跟每個人溝通。我發現，不是每個人都想要私下多了解我。雖然這讓我心裡有點小受傷，但我以後會考慮到每個人有不同風格和喜歡聊的話題。

五、各章重點整理，成效評量指標：

以下清單包括如何在各章制定具體行為指標的範例；請花點時間為你自己量身定做一套成效指標。每一章都涵蓋了許多行為，足以幫助你達成溝通目標。請把這份清單列印出來，用來擬定自己專屬的隨身評量檢核表。

- 保持最佳狀態
- 設定溝通的最終目標，以終為始
- 界定我的個人品牌
- 管理自我認知
- 培養並建立人際關係
- 學習如何寒暄閒聊
- 善用科技進行有效率的溝通

- 妥善管理社交網絡
- 改掉會讓溝通破局的壞習慣
- 不預設立場
- 重視細節
- 給予並接受他人的適當回饋
- 順應不同溝通風格做調整
- 專業回應，不情緒化
- 說對話，做對事
- 傳達價值
- 持續成功的行動計畫

1. **保持最佳狀態**

目標：不讓我的私人生活影響到正在進行的工作。

上個星期我跟先生嘔氣，但一踏進公司，我試著露出笑臉保持微笑、深呼吸、表現出一副泰然的模樣。這麼做很有效果，因為大約二十分鐘後，我真的感覺好多了。

2. **設定溝通的最終目標，以終為始**

目標：為我跟經理的下次會議擬定計畫。

跟他談話的前一天，我坐下來擬定了一個計畫，簡單寫出他的溝通偏好和地雷，以及我提出的建議和後續步驟有哪些好處和風險。結果，我們的談話過程十分順利。我決定，以後每一次會議前都要做好規劃。

3. 界定我的個人品牌

目標：意識到我每天給人的印象，皆是在反映我的品牌形象。

在走進辦公室之前，我會先在車裡待個幾分鐘，思考我要傳遞的自我形象，以及應該要透過什麼行為來彰顯它。在撰寫電子郵件時，同樣也要考慮文字傳遞的是哪種個人形象。這麼做似乎真的很有效，我發現同事們這星期的反應都很好。

4. 管理自我認知

目標：認清自己的盲點，進而更加留意自己的所做所為，避免給人負面觀感。

山姆與我共用一個辦公隔間，我問他我有沒有哪些行為在他看來不太妥當。他希望我的問題能具體一點，於是我請他針對我溝通的專業性做評論。他指出我講話過於大聲，有時會讓他難以專注在工作上。

5. **培養並建立人際關係**

目標：儘管維琪有時候態度很不客氣，我仍要竭盡所能與她建立良好關係。

某次會議上，我有機會跟維琪一對一聊天，我發現她其實人很和善，而且我們有很多共同點。我還發現，她是因為工作繁重才會態度欠佳，那是她壓力大的表現方式。以後，我不會把她的態度當做是針對我個人了。

6. **學習如何寒暄閒聊**

目標：定期參加某個交際聯誼活動，每次至少認識一位新朋友。

我參加了「酒與智慧協會」的活動，而且告訴同事傍晚下班時會跟他們在這個場合碰面。這真的很難。不過，我後來善用事先規劃好的談話策略，順利跟三組人聊得很開心，我打算這星期持續跟他們聯繫。我把重點放在「對別人感興趣，而不是一味想表現自己的風趣」；對我來說，這樣反而更容易做到，因為我不必滔滔不絕說個不停，只要多傾聽、多了解他們。

7. 善用科技進行有效率的溝通

目標：不寄出充滿情緒化字眼的電子郵件。

這星期我把三封電子郵件暫時存放在草稿匣裡，等一小時過後再重讀一遍。我很慶幸自己這樣做，因為如果我第一時間就把信寄出去，收件人肯定會覺得它非常無禮又情緒化。

8. 妥善管理社交網絡

目標：花時間認真思索自己要在 LinkedIn 上發布什麼內容，才能有助於提升銷售業績。

這星期，我寫了一篇教人如何選擇印刷公司的文章，裡頭列出十項有用的訣竅。文章發布之後，得到很熱烈的回響。從今以後，我決定花更多時間思考我要發布的內容。

9. 改掉會讓溝通破局的壞習慣

目標：每當有人要指派工作給我，不要回說：「這事我做不來」。

我感謝賈克給了我機會，並且向他索取更多相關的參考資料。當我研究更多細節之後，我發現自己能夠勝任這個工作；我很慶幸當下沒有聽從自己的第一直覺而拒絕他。

10.不預設立場

目標：不要認為別人故意做有害我的事情；停止「自動負面思考」。

我想要告訴比爾我的不滿，因為他擅做主張把我的電子郵件轉發給他老闆。不過，我克制自己不要這麼做。相反地，我直接找他面對面冷靜地談，藉此發現他這麼做的理由，並且了解他老闆為何想要知道詳情。當他向我解釋他老闆的立場後，我了解到他轉信的原因不是針對我個人，單純只是為了提高活動成效。聽完之後，我感覺舒坦多了。

11.重視細節

目標：讓我每週的 PowerPoint 簡報看起來更加專業。

我花時間檢視我的 PowerPoint，確認所有的字體都一致，而且沒有寫錯字。我還確保投影片的介面看起來清爽，並且能夠簡明扼要傳達我的信息；我花時間思考週三會議裡要穿著什麼服裝。當副總裁在會議結束後走到我面前，稱讚我十分專業，讓他印象深刻時，那感覺真的很棒。

12. **給予並接受他人的適當回饋**

目標：當我收到每月的工作回饋報告時，不要心生防衛，一味辯解。週五我跟貝琳達坐下來面談，我對於她給予的回饋全然接納。當她表示看到我犯下某些錯誤時，我請她提供更詳盡的具體訊息，並且請教她改善的建議。她其實給了我很棒的提醒，這會讓我少走許多冤枉路。

13. **順應不同溝通風格做調整**

目標：確保我寫電子郵件請求別人提供資料時，能夠盡快收到回覆。

我坐下來思索要如何讓蘇更快回覆我的信。當我發現她偏好簡明扼要的電子郵件，而我的電子郵件卻過於冗長時，我改變了郵件的寫法。在那之後，她總是很快就回信，寄來我所需要的資料。

14. 專業回應、不情緒化

目標：當別人與我意見相左，情緒不要暴走。

當蘿拉不但不感激我為她的計畫而做的所有努力，還認為我有許多地方需要改進時，我並沒有表現出不悅，反而冷靜地向她詢問更多詳盡的資訊，她感謝我在乎事情的成果，表明她的意見並不是對我的人身攻擊。我看得出來她很擔心，因為在我們過去的合作經驗裡，我向來都會這麼解讀。總之，這是前所未有的經驗。

15.說對話、做對事

目標：跟同事談話前要多加三思。

我真的很想問莎莉是不是懷孕了。她看起來像是懷胎三月，而且我知道她一直很努力想要有小孩。但我後來還是忍住好奇心，告訴自己：「等她想公布的時候，我自然會知道。」

16.傳達價值

目標：確保管理團隊看見我為公司貢獻的價值，並且知道我說出的承諾一定會兌現。

即使我還不確定事情的結果，我這星期還是會把最新進展寄給所有人，讓他們知道我並沒有忘記這件事。當大家在週五會議裡感謝我時，我真的很高興。

17. 持續成功的行動計畫

目標：花時間磨練並改善我的溝通技巧。我總是很忙，忙到沒有時間規劃要如何經營自我品牌，也沒有時間草擬可行方案以達成溝通的預期目標。

週五我空出三十分鐘的時間檢視我的行動計畫清單，查看自己是否達成上星期的目標，並且確認有沒有必要修正下星期的目標。

big 0312

說話零失誤，跟誰都好聊。——不白目、不踩雷的溝通課。

作　　者──基姆・佐勒（Kim Zoller）、凱芮・普雷斯頓（Kerry Preston）
譯　　者──胡琦君
主　　編──陳家仁
企劃編輯──李雅蓁
行銷副理──陳秋雯
內頁圖片──安德魯・葛羅斯曼（Andrew Grossman）、羅傑・潘威爾（Roger Pennwill）
封面設計──林木木
版面設計──賴麗月
內頁排版──林鳳鳳

第一編輯部總監—蘇清霖
董 事 長──趙政岷
出 版 者──時報文化出版企業股份有限公司
108019 台北市和平西路三段 240 號 4 樓
發行專線—（02）2306-6842
讀者服務專線— 0800-231-705、（02）2304-7103
讀者服務傳真—（02）2302-7844
郵撥— 19344724 時報文化出版公司
信箱— 10899 臺北華江橋郵局第 99 信箱
時報悅讀網— http://www.readingtimes.com.tw
法律顧問—理律法律事務所 陳長文律師、李念祖律師
印　　刷—勁達印刷有限公司
初版一刷— 2019 年 9 月 12 日
初版二刷— 2020 年 12 月 9 日
定　　價—新台幣 350 元

時報文化出版公司成立於一九七五年，
並於一九九九年股票上櫃公開發行，於二〇〇八年脫離中時集團非屬旺中，
以「尊重智慧與創意的文化事業」為信念。

ISBN 978-957-13-7889-3
Printed in Taiwan

說話零失誤，跟誰都好聊。——不白目、不踩雷的溝通課。/
基姆.佐勒(Kim Zoller), 凱芮.普雷斯頓(Kerry Preston)著 ; 胡琦君
譯. -- 初版. -- 臺北市 : 時報文化, 2019.09
面 ;　公分. -- (Big)
譯自 :You said what?! : the biggest communication mistakes
professionals make
ISBN 978-957-13-7889-3(平裝)

1.職場成功法 2.溝通技巧 3.人際關係

494.35　　　　108011168